"十四五"职业教育国家规划教材

高职高专课程改革项目研究成果

电子产品调试与检修

主　编　龙治红　谭本军
副主编　李晓锋　张　凯　刘　杨
参　编　黄华飞　叶　倩　赵建华　程鸣凤
　　　　邓春丽　李志良　曾小宝　张明河

北京理工大学出版社
BEIJING INSTITUTE OF TECHNOLOGY PRESS

内 容 简 介

本书是根据电子电气类专业人才培养要求及编者多年教学、科研和工程实践经验,以现代企业现场生产管理规范为依据,以培养电子产品装调与检修的能力为目的而编写。为加速知识向能力的转化,本书以项目式教学设计为主线,系统介绍了22个典型电子产品的组装与调试及小型电子产品检修的方法。此外,每个项目给出了不同测试任务和要求。

全书内容包括电子产品装调基础、常用电子元器件识别和典型电子产品装调与检修。

本书可作为高职高专院校电子、电气、通信、机电及相关专业的"电子产品调试与检修"课程的教材,也可供相关专业工程技术人员参考。

版权专有　侵权必究

图书在版编目(CIP)数据

电子产品调试与检修 / 龙治红,谭本军主编.—北京:北京理工大学出版社,2018.8
(2024.8 重印)
ISBN 978-7-5682-6050-3

Ⅰ.①电⋯　Ⅱ.①龙⋯②谭⋯　Ⅲ.①电子产品-调试方法-高等学校-教材②电子产品-检修-高等学校-教材　Ⅳ.①TN06

中国版本图书馆 CIP 数据核字(2018)第 182541 号

责任编辑:陈莉华		文案编辑:陈莉华	
责任校对:杜　枝		责任印制:施胜娟	

出版发行 /	北京理工大学出版社有限责任公司
社　　址 /	北京市丰台区四合庄路 6 号
邮　　编 /	100070
电　　话 /	(010)68914026(教材售后服务热线)
	(010)68944437(课件资源服务热线)
网　　址 /	http://www.bitpress.com.cn
版 印 次 /	2024 年 8 月第 1 版第 6 次印刷
印　　刷 /	河北盛世彩捷印刷有限公司
开　　本 /	787 mm×1092 mm　1/16
印　　张 /	11
字　　数 /	275 千字
定　　价 /	32.00 元

图书出现印装质量问题,请拨打售后服务热线,负责调换

前言

  党的二十大报告指出：统筹职业教育、高等教育、继续教育协同创新，推进职普融通、产教融合、科教融汇，优化职业教育类型定位。"电子产品调试与检修"教材围绕电子产品调试与检修等职业岗位的技能和素质，按照工作过程系统化、结构化来设计，凸显职业教育类型教育特征。

  编写中以项目式教学设计为主线，注重归纳分类、难易合理、重点突出、实用性强，侧重能力培养。具体有以下特色：

  （1）合理调整课程结构，全面优化课程内容。结合学生的知识基础，编者大胆创新，摒除传统的知识构建体系，以项目任务式驱动贯穿全书，将前期学习过的零散知识点通过产品项目的实施紧密相连，综合性极强。

  （2）注重职业技能培养，提升人才培养质量。本着能用、实用的原则，内容安排上以职业能力为核心，删除集成电路烦琐的内部分析，重点讲述典型电子产品的工作原理、结构特点及实际应用。注重职业素养与职业技能的培养，提高学生运用所学知识解决实际问题的能力。

  （3）紧密结合生产实际，强化专业操作技能。本书以生活中常用的小型电子产品为主线，系统讲述了电子元器件的检测、电子产品的装配与调试、电子产品的故障检修等知识。强化专业实践性教学，重点突出技能和思维训练。

  （4）项目任务实用有趣，网络资源同步分享。在项目选题上力求做到具有较强的实用性及趣味性，目的是通过对这些项目任务的讲、学、做相结合，提高学生的学习兴趣及对常用电子产品的综合应用能力。同时，本书所有项目的组装作品、电子教案、教学PPT、调试数据、元件清单、部分教学视频等资源均已在世界大学城进行了网络共享。

  本书包含三大部分，共22个项目。第1篇为电子产品装调基础，介绍了电子产品装配、调试、检修的一般方法，以及电子电气类专业相关的专业技能评价标准。第2篇为常用电子元器件识别，介绍了电阻、电容、电感、晶体管等元件的识别和检测。第3篇为典型电子产品的装调与检修，重点介绍了22个典型电子产品的电路结构、工作原理、产品安装、产品调试及典型故障点设置等相关知识。各专业可根据具体情况进行内容节选。通过实践操作培养学生一丝不苟的工匠精神、严谨求实的科学精神、分工合作的团队协作能力。

  本书由张家界航空工业职业技术学院龙治红、谭本军担任主编，航空工业苏州长风航空电子有限公司特种显示事业部刘杨、张家界航空工业职业技术学院李晓锋、张凯担任副主编。龙治红、谭本军负责全书的文字编写工作，叶倩参与了第22个项目的编写。刘杨、张凯负责项目原理图绘制工作，李晓锋对书稿进行了最后审阅。黄华飞、赵建华、程鸣凤、邓春丽、李志良、曾小宝、张明河对本书提出了宝贵的意见。龙治红负责全书的组织和统稿。

本书编写期间，航空工业苏州长风航空电子有限公司特种显示事业部、张家界航空工业职业技术学院的领导和老师、143331班的学生给予了大力的支持和热情的帮助，我的家人和学生给予了莫大的理解，在此谨表示深深的感谢！

由于编者水平有限，书中错误和不妥之处在所难免，恳请使用本书的师生及读者给予批评指正。

本书配套有数字资源，读者请登录：https://www.xueyinonline.com/detail/223042671 进行学习。

编　者

目录

▶ **第一篇　电子产品装调基础** ································· 1

项目一　电子产品的装配流程 ································· 1
一、电子产品的装配原则 ································· 1
二、电子产品装配工艺流程 ······························ 2
项目二　电子产品的调试方案 ································· 2
一、调试要求 ·· 2
二、调试工作的一般程序 ································ 3
三、电子产品的调试 ···································· 3
项目三　电子产品装调的基本要求 ···························· 4
一、装配与调试技能要求 ································ 4
二、装配与调试素养要求 ································ 4
项目四　电子产品故障排除的程序和方法 ······················· 5
一、电子产品故障排除的一般程序 ························ 5
二、电子产品故障排除的方法 ···························· 5
项目五　电子产品维修的基本要求 ···························· 6
一、产品维修技能要求 ·································· 6
二、产品维修素养要求 ·································· 6

▶ **第二篇　常用电子元器件识别** ······························ 8

项目一　电阻 ·· 8
一、电阻基础知识 ······································ 8
二、电阻的识别 ······································· 10
三、电阻的选用和检测 ································· 12
项目二　电容 ··· 14
一、电容基础知识 ····································· 14
二、电容的识别 ······································· 15
三、电容的选用和检测 ································· 16
项目三　电感和变压器 ······································ 18
一、电感 ··· 18
二、变压器 ··· 20

三、电感器与变压器的检测 ………………………………………………………… 21
　项目四　半导体器件 ……………………………………………………………………… 22
　　　一、半导体器件的命名方法 ……………………………………………………… 22
　　　二、半导体二极管 ………………………………………………………………… 22
　　　三、半导体晶体管 ………………………………………………………………… 24
　　　四、场效应晶体管 ………………………………………………………………… 26
　项目五　集成电路及其他元件 …………………………………………………………… 27
　　　一、集成电路 ……………………………………………………………………… 27
　　　二、电声器件 ……………………………………………………………………… 29

第三篇　典型电子产品装调与检修 …………………………………………………… 31

　项目一　简易广告跑灯 …………………………………………………………………… 31
　　　一、项目任务与要求 ……………………………………………………………… 31
　　　二、电路结构 ……………………………………………………………………… 32
　　　三、工作原理 ……………………………………………………………………… 32
　　　四、电路测试 ……………………………………………………………………… 35
　　　五、工艺文件 ……………………………………………………………………… 37
　　　六、故障点分析 …………………………………………………………………… 39
　项目二　四路彩灯 ………………………………………………………………………… 39
　　　一、项目任务与要求 ……………………………………………………………… 39
　　　二、电路结构 ……………………………………………………………………… 39
　　　三、工作原理 ……………………………………………………………………… 40
　　　四、电路测试 ……………………………………………………………………… 43
　　　五、工艺文件 ……………………………………………………………………… 45
　　　六、故障点分析 …………………………………………………………………… 46
　项目三　简易抢答器 ……………………………………………………………………… 47
　　　一、项目任务与要求 ……………………………………………………………… 47
　　　二、电路结构 ……………………………………………………………………… 47
　　　三、工作原理 ……………………………………………………………………… 48
　　　四、电路测试 ……………………………………………………………………… 49
　　　五、工艺文件 ……………………………………………………………………… 50
　　　六、故障点分析 …………………………………………………………………… 52
　项目四　简易密码锁 ……………………………………………………………………… 52
　　　一、项目任务与要求 ……………………………………………………………… 52
　　　二、电路结构 ……………………………………………………………………… 52
　　　三、工作原理 ……………………………………………………………………… 53
　　　四、电路测试 ……………………………………………………………………… 54

五、工艺文件……………………………………………………………………………55
　　六、故障点分析…………………………………………………………………………57
项目五　A/D 转换与显示电路……………………………………………………………57
　　一、项目任务与要求……………………………………………………………………57
　　二、电路结构……………………………………………………………………………57
　　三、工作原理……………………………………………………………………………59
　　四、电路测试……………………………………………………………………………60
　　五、工艺文件……………………………………………………………………………62
　　六、故障点分析…………………………………………………………………………63
项目六　简易秒表…………………………………………………………………………64
　　一、项目任务与要求……………………………………………………………………64
　　二、电路结构……………………………………………………………………………64
　　三、工作原理……………………………………………………………………………64
　　四、电路测试……………………………………………………………………………67
　　五、工艺文件……………………………………………………………………………68
　　六、故障点分析…………………………………………………………………………70
项目七　定时器电路………………………………………………………………………70
　　一、项目任务与要求……………………………………………………………………70
　　二、电路结构……………………………………………………………………………70
　　三、工作原理……………………………………………………………………………72
　　四、电路测试……………………………………………………………………………73
　　五、工艺文件……………………………………………………………………………75
　　六、故障点分析…………………………………………………………………………77
项目八　简易测频仪………………………………………………………………………77
　　一、项目任务与要求……………………………………………………………………77
　　二、电路结构……………………………………………………………………………77
　　三、工作原理……………………………………………………………………………78
　　四、电路测试……………………………………………………………………………81
　　五、工艺文件……………………………………………………………………………82
　　六、故障点分析…………………………………………………………………………84
项目九　数显逻辑笔………………………………………………………………………85
　　一、项目任务与要求……………………………………………………………………85
　　二、电路结构……………………………………………………………………………85
　　三、工作原理……………………………………………………………………………86
　　四、电路测试……………………………………………………………………………87
　　五、工艺文件……………………………………………………………………………88
　　六、故障点分析…………………………………………………………………………90
项目十　双路防盗报警器…………………………………………………………………90

一、项目任务与要求 ·· 90
　　二、电路结构 ·· 90
　　三、工作原理 ·· 92
　　四、电路测试 ·· 93
　　五、工艺文件 ·· 94
　　六、故障点分析 ·· 96
项目十一　电平指示器 ··· 97
　　一、项目任务与要求 ·· 97
　　二、电路结构 ·· 97
　　三、工作原理 ·· 97
　　四、电路调试 ·· 98
　　五、工艺文件 ·· 100
　　六、故障点分析 ·· 101
项目十二　声光停电报警器 ·· 102
　　一、项目任务与要求 ·· 102
　　二、电路结构 ·· 102
　　三、工作原理 ·· 102
　　四、电路测试 ·· 103
　　五、工艺文件 ·· 104
　　六、故障点分析 ·· 106
项目十三　集成功放 ··· 107
　　一、项目任务与要求 ·· 107
　　二、电路结构 ·· 107
　　三、工作原理 ·· 108
　　四、电路测试 ·· 108
　　五、工艺文件 ·· 110
　　六、故障点分析 ·· 112
项目十四　简易广告彩灯 ··· 112
　　一、项目任务与要求 ·· 112
　　二、电路结构 ·· 112
　　三、工作原理 ·· 113
　　四、电路测试 ·· 114
　　五、工艺文件 ·· 115
　　六、故障点分析 ·· 117
项目十五　分立功放 ··· 117
　　一、项目任务与要求 ·· 117
　　二、电路结构 ·· 117
　　三、工作原理 ·· 118

四、电路测试 ··· 119
　　五、工艺文件 ··· 120
　　六、故障点分析 ·· 122
项目十六　简易信号发生器 ··· 123
　　一、项目任务与要求 ··· 123
　　二、电路结构 ··· 123
　　三、工作原理 ··· 123
　　四、电路测试 ··· 125
　　五、工艺文件 ··· 126
　　六、故障点分析 ·· 128
项目十七　串联型稳压电源 ··· 128
　　一、项目任务与要求 ··· 128
　　二、电路结构 ··· 129
　　三、工作原理 ··· 129
　　四、电路测试 ··· 130
　　五、工艺文件 ··· 131
　　六、故障点分析 ·· 133
项目十八　开关电源电路 ·· 134
　　一、项目任务与要求 ··· 134
　　二、电路结构 ··· 134
　　三、工作原理 ··· 134
　　四、电路测试 ··· 136
　　五、工艺文件 ··· 137
　　六、故障点分析 ·· 139
项目十九　三角波发生器 ·· 140
　　一、项目任务与要求 ··· 140
　　二、电路结构 ··· 140
　　三、工作原理 ··· 141
　　四、电路测试 ··· 142
　　五、工艺文件 ··· 143
　　六、故障点分析 ·· 145
项目二十　声控开关电路 ·· 145
　　一、项目任务与要求 ··· 145
　　二、电路结构 ··· 146
　　三、工作原理 ··· 146
　　四、电路测试 ··· 148
　　五、工艺文件 ··· 149
　　六、故障点分析 ·· 151

项目二十一　电源欠压过压报警器 ·· 152
一、项目任务与要求 ··· 152
二、电路结构 ··· 152
三、工作原理 ··· 152
四、电路测试 ··· 156
五、工艺文件 ··· 156
六、故障点分析 ··· 158

项目二十二　电子调光灯 ·· 158
一、项目任务与要求 ··· 158
二、电路结构 ··· 159
三、工作原理 ··· 159
四、电路测试 ··· 162
五、工艺文件 ··· 163
六、故障点分析 ··· 164

参考文献 ··· 166

第一篇 电子产品装调基础

在科学技术飞速发展的今天，各种电子产品广泛应用在生活、工作、医疗、国防等领域。在实际工作中，电子科技人员需要检测器件，分析电路的工作原理，验证电路的功能，对电路要进行安装调试，测试电路的性能指标，分析排除电路故障，设计、制作实用电路的样机。因此，对电子产品技术人员的综合技能要求也越来越高。

我们应以现代企业现场生产规范为依据，培养符合企业要求的生产、调试及检修的职业素养和职业技能，综合运用所学理论知识和解决较复杂实际问题的能力，以适应21世纪人才培养需求。

课程介绍（标）

项目一 电子产品的装配流程

随着电子技术的快速发展，对各种电子产品的质量要求越来越高。对电子产品的要求具体表现为性能稳定可靠、操作方便、便于维护、结构合理、美观轻巧等。

电子产品装配是以印制电路板为中心展开的，印制电路板的装配是电子产品整机装配的基础和关键，它是将检验合格的零部件进行连接形成一个功能独立的产品。

一、电子产品的装配原则

装配对整个产品至关重要，应遵循以下原则。

（1）确定零部件的位置、极性、方向等，不能错装，应从低到高、从里向外、从小到大，前一道工序不影响后道工序。

（2）安装的元器件、零部件应牢固。焊接件焊点光滑无毛刺，螺钉连接部位牢固可靠。

（3）电源线和高压线连接可靠，不得受力。防止导线绝缘层损坏造成漏电及短路现象。

（4）操作时工具摆放整齐、有序，不可损坏零部件或造成外观损坏。

（5）将导线整齐固定好，对高频线要注意屏蔽保护、减小干扰。

二、电子产品装配工艺流程

产品装配工艺流程是否合理直接影响产品的质量和制造成本，其过程大致可分为以下几个阶段。

1. 装配准备

根据电子产品的生产特点、生产设备和生产规模确定装配的工作文件，对装配过程中需要的工具仪器、零部件、连接线等从数量和质量两方面进行准备，如元器件检测、元件成型与引线挂锡、线扎加工等。

2. 印制电路板装配

印制电路板装配是整个电子产品装配中非常重要的一个环节，是指将电阻器、电容器、晶体管、集成电路以及其他各类元器件，按照设计要求安装在印制电路板上。这一过程是产品装配中最基本的装配。

3. 整机装配

整机是将组成电子产品的各单元组件组装在统一的箱体中，然后经过检验和调试成为可以对外销售的产品。

4. 调试检验

电子产品组装完成后，就需要对整机进行调试和检验。调试是对产品进行调整和测试，直到符合最终设计要求。检验是对整机进行综合检测，确定是否为合格产品。

总之，产品生产中每一步操作的好坏都关系到产品的质量，只有对每个环节抓好质量，整机产品才能合格。

项目二　电子产品的调试方案

电子产品装配完成后，通过调试才能达到其规定的技术指标要求，调试是实现产品功能、保证其质量的重要工序，也是发现产品设计、工艺缺陷的重要环节。调试工作包括调整和测试两个部分。调整主要是对电路参数的调整，即对整机内可调元件及与电气性能指标有关的调谐系统等部分进行调整，使之达到预定的性能要求。测试则是在调整的基础上对整机的各项技术指标进行系统测试，使电子产品各项技术指标符合规定的要求。

在实际工作中，两者是一项工作的两个方面，测试、调整、再测试、再调整，直到实现电路的设计指标为止。

一、调试要求

为保证电子产品调试的质量，对调试工作一般有以下要求。

1. 调试人员技能要求

调试人员要熟悉产品的工作原理，熟悉仪表的性能，并能对其进行熟练地操作使用。明确调试内容、方法及步骤，能解决调试中常见的问题，严格遵守安全操作规程。

2. 环境要求

测试场所环境整洁，保持适当的温湿度，场地内外的电磁干扰、噪声和振动要小。测试台应铺设绝缘胶垫，使用及调试 MOS 器件时应采用防静电措施。

3. 设备安全

测试场所内所有的电源开关、熔丝、插座和电源线等无带电裸露部分，所有用电器的工作电压和电流不能超过额定值。仪器及附件的金属外壳接地良好，仪器外部超过安全电压的部分无裸露现象。

4. 操作安全措施

接通电源前应检查电路及连线有无短路情况。调试时操作人员应避免带电操作，若必须接触时应使用绝缘工具操作。调试时尽量单手操作以防触电。更换元器件或更改连接线时，要关掉电源，滤波电容放电后再进行相应操作。

任何操作的首要任务是保证安全。安全第一，预防为主，实现安全生产，强调用电安全重要性，培养学生安全工作意识，提升学生职业素养。

二、调试工作的一般程序

在调试工作开始之前，按安全操作规程做好调试准备工作，如工艺文件、电路原理图、调试仪器等。调试工作的一般程序如下。

1. 通电检查

先置电源开关于"关"的位置，检查电源变换开关是否符合要求、熔丝是否装入、输入电压是否正确，然后再打开电源开关通电。

2. 电源调试

调试工作应首先进行电源部分的调试，然后再进行其他项目的调试。

3. 单元调试

电源电路调试好后，按单元电路顺序，根据调试需要，由前到后或由后到前分别进行调试。

4. 整机性能测试与调整

单元调试完成后，测试电子产品整机的性能技术指标是否达到设计要求，如没达到要求，则根据电路原理确定需要调整的元件，并适当进行调整。

三、电子产品的调试

电子产品装配完成后要进行各级电路的调整。首先调整各级直流工作状态（静态），测量各静态是否符合设计要求，然后进行动态调试。

1. 静态调试

静态调试一般是指在没有外加信号的条件下，测试电路的电压或电流，将测试出的数据与设计数据进行比较，需要时适当调整。

静态测试一般包含以下内容。

（1）供电电源电压测试。

（2）单元电路静态工作电流测试。

（3）晶体管电压、电流测试。

（4）集成电路（IC）静态工作点的测试。

（5）数字电路逻辑电平的测量。

2. 动态调试

动态调试一般是指在加入信号的条件下，测量晶体管、集成电路等的动态工作电压以及有关的波形、频率、相位、放大倍数等，通过调整相应的可调元件，使多项指标符合设计要求。

（1）电路动态工作电压测试。

测试内容包括晶体管3个极和集成电路各引脚对地的动态工作电压，它是判断电路是否正常工作的重要依据。

（2）电路重要波形测试。

无论是在调试还是故障排除过程中，波形测试与调整都是一个相当重要的技术。为分析电路各过程是否正常、是否符合技术要求，常需要观测各种被测电路的输入输出波形，并加以分析。

（3）频率特性的测试与调整。

频率特性是指一个电路对不同频率、相同幅度的输入信号在输出端产生的响应。一般有两种测试方法，即信号源与电压测量法和扫频仪测量法。

动态调试的内容还有很多，如电路放大倍数、相位特性和瞬态响应等，不同的电路调试项目也不相同。

项目三　电子产品装调的基本要求

电子产品的组装是利用常用工具和设备按照行业通用的规范和要求组装电子产品的过程。电子产品的组装包含通孔安装工艺、贴片安装工艺、通孔与贴片混合安装工艺3个部分，主要培养电子技术人员掌握电子元器件的检验、预处理、安装、手工焊接等基本技能。要求技术人员具有熟练使用常用仪器仪表、按照规范的测试流程和方法测量与调整电子产品的技术参数的能力，并能正确填写相关技术文件或测试报告。

装调基础知识

一、装配与调试技能要求

下面以IPC-A-610为参考，安装和调试电子产品。安装时能正确识读和选择不同类型的电子元器件。正确选择装配工具和材料，按成型、插装和按照通孔或贴片工艺要求进行元器件装配。装配过程符合装配与焊接要求，装配后不出现虚焊、桥接、拉尖及元件、焊盘或印制板损伤等不良现象。

调试中能正确选择和使用仪器仪表，能对电子产品的技术参数进行测量和调整，并使之达到要求，能完整翔实地记录实验条件和结果。

二、装配与调试素养要求

符合企业基本的6S整理要求，即整理、整顿、清扫、清洁、修养、安全。能按要求进行仪器/工具的定置和归位，工作台面保持清洁，及时清扫废弃引脚及杂物等，能事前进行接地检查，具有安全用电意识。

符合企业基本的质量常识和管理要求，能进行通孔或贴片安装工艺文件准备的有效确认，产品搬运、摆放等符合产品防护要求。

符合企业电子产品生产员工的基本素养要求，体现良好的工作习惯。例如，尽量避免裸手接触可焊表面；不可堆叠电子组件；电烙铁设置和接地检查；先无电或弱电检测，再上电检测；电源或信号输出先检测无误并在断电状态连接好产品后再上电，按仪器连接的通/断顺序操作；翔实记录实验环境、条件和数据等。

项目四 电子产品故障排除的程序和方法

任何一种电子产品的生产都希望产品全部合格。但这只是一种期望，尽管可以通过对每一个生产环节进行严格的质量检测以减少整机故障出现，在整机调试中依然会出现问题，因此检修、复测成为调试工作的一部分。

故障排除是难度较大的工作，它需要操作人员对电路非常熟悉并具有一定的经验，在实际工作中摸索实践。从事此项工作的人员既要有扎实的理论知识，又要有较强的实践技能。

一、电子产品故障排除的一般程序

（1）查看调试故障记录，分析引起故障的原因。实际中产生故障的原因各不相同，常见故障原因归纳如下。

① 准备时元器件筛选不严格，使其中有坏件，造成电路运行故障。
② 由于排版不合理，元件碰接出现短路。
③ 由于焊接不合格造成虚焊或焊点间短路。
④ 插件接触不良或漏焊。
⑤ 元件受潮、绝缘性能变差或电路屏蔽差产生噪声。
⑥ 电路严重失调。

（2）针对故障机进行检查，查找故障点，做出正确的判断。
（3）拆除损坏的部件或元器件，对其进行测试，确认损坏后进行更换。
（4）故障排除后再对电路进行全面调试，写出维修报告。

二、电子产品故障排除的方法

电子产品的故障排除和中医治病有几分异曲同工之处，可以通过"望、闻、问、切"几个方面同时进行。故障排除的方法很多，这里根据实际工作中总结的经验，将电子产品故障的排除方法归纳如下。

1. 目测法

对于有故障的产品，先不通电进行观察。打开产品外壳直接观察，查找部件连接是否存在问题，检查整机的绝缘状况、有无断线、有无虚焊和脱焊、元件是否损坏、熔断器是否完好等。这就是常说的疾病诊断中的"望"。

2. 通电测试法

当目测法没有发现问题时，再采用通电测试法。接通电源，观察是否有冒烟、烧焦的气味，是否有异常的声音，器件是否发热。如出现这些现象要切断电源进行检修，如没有这些现象则应使用万用表和示波器等仪器对整机进行测试。这就是常说的疾病诊断中的"闻"。

3. 波形测试法

用示波器观察电路中各级输入输出信号波形是否正确，特别是对直流电源、数字电路、波形变换电路等非常适用。这就是常说的疾病诊断中的"切"。

4. 部件替代法

一种故障产生的原因很多，经过测试认定某一部分或某个元件有问题时，可采用替代的方法进行修复。

5. 分隔测试法

此方法是将整机分成多个相对独立的单元，测试故障现象。逐级检测判断故障原因，每一级检测无故障后接入下一级电路测试检修，直到查出故障。

6. 对比法

检修时选择一台正常运行的整机与待修的整机进行比较，逐点对应一一测试，把认为待修机中有问题的部分换到正常整机上运行，来确定故障点进行检修。

同时，可以通过详细咨询产品使用者，根据所描述的故障现象分析故障产生的原因，然后进行具体的测试检修。这就是常说的疾病诊断中的"问"。

项目五　电子产品维修的基本要求

电子产品维修主要是检验电子工作人员熟练掌握常用电子元器件的检测与识别能力，当产品整机出现故障时，是否具备故障部件的检测与更换、手工焊接及使用仪表进行调试等技能。

一、产品维修技能要求

以 IPC-7711/21 为参考，进行典型电子产品维修。维修时能正确选择不同类型的电子元器件，能正确判断小型电子产品的故障部件，能正确使用电烙铁根据焊接要求进行元器件装配，装配后不出现虚焊、短路等现象。

调试中能正确选择和使用仪器仪表，对电子产品的技术参数进行测量和调试，并使之达到要求。

二、产品维修素养要求

符合企业基本的 6S 整理要求，即整理、整顿、清扫、清洁、修养、安全。能按要求进行仪器/工具的定置和归位，工作台面保持清洁，及时清扫废弃引脚及杂物等，能事前进行接地检查，具有安全用电意识。

符合企业电子产品维修工的基本素养要求，体现良好的工作习惯。能严格遵循维修流程，故障分析、检测、修复能严格按照规范操作，修复效果尽量符合更好的标准要求。

第二篇 常用电子元器件识别

元件的识别与
检测（标）

电子元器件是构成电子产品的基本元素，它的性能和质量直接影响到电子产品的质量。因此，学习电子元器件的识别与检测知识是组装、维修和设计电子产品必不可少的环节，是掌握电子产品调试与检修的基础。

项目一 电 阻

一、电阻基础知识

电阻（resistance）通常缩写为 R，它是导体的一种基本性质，与导体的尺寸、材料、温度有关。电阻的主要作用是阻碍电流流过。电阻器是电路元件中应用最广泛的一种，在电子设备中约占元件总数的 30% 以上，其质量的好坏对电路工作的稳定性有极大影响。它的主要用途是稳定和调节电路中的电流和电压；其次还作为分流器、分压器和负载使用。

固定电阻器在电路图中一般用符号 R 表示，电位器用符号 R_P 表示，电阻器的单位为欧姆（Ω）。常用单位还有千欧（kΩ）和兆欧（MΩ），其换算关系为：$1\ \text{k}\Omega=10^3\ \Omega$，$1\ \text{M}\Omega=10^3\ \text{k}\Omega=10^6\ \Omega$。

1. 电阻的种类

电阻器的种类繁多，按阻值特性可分为固定电阻、可变电阻（电位器）和敏感电阻；按材料种类可分为碳膜电阻、金属膜电阻、金属氧化膜电阻和线绕电阻等。

固定电阻器是指阻值固定不变的电阻器，主要用在阻值固定而不需要调节变动的电路中。阻值可以调节的电阻器称为可变电阻器（又称为变阻器或电位器），其又分为可变和半可变电阻器。敏感电阻器是指其阻值对某些物理量表现敏感的电阻元件，常用的敏感电阻有热敏、光敏、压敏、湿敏、磁敏、气敏和力敏电阻器等。它们是利用某种半导体材料对某个物理量敏感的性质而制成的,也称为半导体电阻器。

常用电阻器的电路符号如图 2.1.1 所示。

图 2.1.1　常用电阻器的电路符号

(a) 固定电阻;(b) 可变电阻;(c) 电位器;(d) 热敏电阻

2. 电阻的主要性能参数

1) 标称阻值

在电阻器表面所标注的阻值称为电阻器的标称阻值,电阻器的阻值通常是按照国家标准中的规定进行生产的。目前,电阻器标称阻值系列有 E6、E12、E24 系列,其中 E24 系列最全。表 2.1.1 所示为通用电阻器的标称阻值系列和允许偏差。

表 2.1.1　通用电阻器的标称阻值系列和允许偏差

系列	允许误差	标称值
E24	Ⅰ 级 (±5%)	1.0, 1.1, 1.2, 1.3, 1.5, 1.6, 1.8, 2.0, 2.2, 2.4, 2.7, 3.0, 3.3, 3.6, 3.9, 4.3, 4.7, 5.1, 5.6, 6.2, 6.8, 7.5, 8.2, 9.1
E12	Ⅱ 级 (±10%)	1.0, 1.2, 1.5, 1.8, 2.2, 2.7, 3.3, 3.9, 4.7, 5.6, 6.8, 8.2
E6	Ⅲ 级 (±20%)	1.0, 1.5, 2.2, 3.3, 4.7, 6.8

电阻的标称阻值为表中所列数值的 10^n 倍。以 E12 系列中的标称值 1.5 为例,它所对应的电阻标称阻值为 1.5 Ω、15 Ω、150 Ω、1.5 kΩ、15 kΩ、150 kΩ 和 1.5 MΩ 等,其他系列以此类推。

在电路图上,为了简便起见,凡是阻值在 1 kΩ 以下的电阻,可不标"Ω"符号,凡是阻值在 1 kΩ 以上、1 MΩ 以下的电阻,其阻值只需加"K",1 MΩ 以上阻值的电阻,其值后只需加"M"符号。

2) 允许误差

在电阻的实际生产中,由于所用材料、设备和工艺等方面的原因,电阻的标称阻值往往与实际阻值有一定的偏差,这个偏差与标称阻值的百分比称为电阻器的相对误差,允许相对误差的范围称为允许误差,也称为允许偏差,普通电阻的允许误差可分三级,即Ⅰ 级 (±5%)、Ⅱ 级 (±10%) 和Ⅲ 级 (±20%)。精密电阻的允许误差可分为 ±2%、±1%、…、±0.001% 等 10 多个等级。电阻的精度等级可以用符号标明,如表 2.1.2 所示。误差越小,电阻器的精度越高。

表 2.1.2　允许偏差常用符号

符号	W	B	C	D	F	G	J	K	M	N	R	S	Z
偏差 /%	±0.05	±0.1	±0.2	±0.5	±1	±2	±5	±10	±20	±30	+100 −10	+50 −20	+80 −20

3) 额定功率

额定功率是指电阻器在产品标准规定的大气压和额定温度下,电阻长时间安全工作所允许消耗的最大功率。一般常用的有 1/8 W、1/4 W、1/2 W、1 W、2 W 和 5 W 等多种规格。在使用过程中，电阻的实际消耗功率不能超过其额定功率；否则会造成电阻器过热而烧坏。在电路图中，电阻器额定功率采用不同符号表示，如图 2.1.2 所示。

图 2.1.2　电阻器额定功率的符号表示

4）温度系数

温度每变化 1 ℃时，引起电阻阻值的相对变化量称为电阻的温度系数，用 α 表示。式中，R_1、R_2 分别为温度在 t_1、t_2 时的阻值。

$$\alpha = \frac{R_2 - R_1}{R_1(t_2 - t_1)}$$

温度系数可正、可负。温度升高，电阻值增大，称该电阻具有正的温度系数；温度升高，电阻值减小，称该电阻具有负的温度系数。温度系数越小，电阻的温度稳定度越高。

二、电阻的识别

1. 电阻器的命名

我国电阻器的命名由四部分组成，如图 2.1.3 所示。

图 2.1.3　电阻器的命名

第一部分是产品的主称，用字母 R 表示一般电阻器，用 M 表示敏感电阻器。

第二部分是产品的主要材料，用一个字母表示。

第三部分是产品的分类，用一个数字或字母表示。

第四部分是生产序号，一般用数字表示。

例如，有一电阻为 RJ71-0.25-4.7K Ⅰ型，其表示含义如下：

R—主称，电阻；J—材料为金属膜；7—分类，为精密型；1—序号为 1；0.25—额定功率 1/4 W；4.7 K—标称阻值 4.7 kΩ；Ⅰ—允许误差等级，±5%。

2. 电阻器的标识方法

1）直标法

直标法主要用在体积较大（功率大）的电阻器上，它将标称阻值和允许偏差直接用数字标在电阻器上。例如，图 2.1.4 所示电阻器采用直标法标出其阻值为 2.7 kΩ，允许偏差为 ±5%。

2）文字符号法

用文字符号和数字有规律的组合在电阻上标示出主要参数的方法。

具体方法：用文字符号表示电阻的单位（R 或 Ω 表示 Ω，K 表示 kΩ，M 表示 MΩ），电阻值（用阿拉伯数字表示）的整数部分写在阻值单位前面，电阻值的小数部分写在阻值单位的后面。用特定字母表示电阻的偏差，可见表 2.1.2。例如，R12 表示 0.12 Ω，1R2 或 1Ω2 表示 1.2 Ω，1K2 表示 1.2 kΩ。

如图 2.1.5 所示，电阻器采用文字符号法标出 8R2J 表示阻值为 8.2 Ω，允许偏差为 ±5%。

图 2.1.4　电阻器标识的直标法　　　　　　图 2.1.5　电阻器标识的文字符号法

3）数码法

数码法是用 3 位数码来表示电阻值的方法，其允许偏差通常用字母符号表示。识别方法是从左到右第一、二位为有效数值，第三位为乘数（即零的个数），单位为 Ω，常用于贴片元件。例如，103K，"10" 表示两位有效数字，"3" 表示倍乘为 10^3，K 表示允许偏差为 ±10%。

4）色环标志法

用不同颜色的色环表示电阻器的阻值和误差，简称为色标法。色标法的电阻器有四色环标注和五色环标注两种，前者用于普通电阻器，后者用于精密电阻器。

电阻器四色环标志时，四色环所代表的意义为：从左到右第一、二色环表示有效值，第三色环表示乘数（即零的个数），第四色环表示允许偏差，单位为 Ω。其表示方法如图 2.1.6 所示。

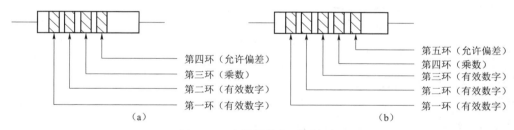

图 2.1.6　电阻器的色环标注法
（a）四色环标注法；(b) 五色环标注法

电阻器上有五色环标志时，五色环所代表的意义为：从左到右第一、二、三色环表示有效值，第四色环表示乘数（即零的个数），第五色环表示允许偏差，单位为 Ω。其表示方法如图 2.1.6 所示。色标符号规定如表 2.1.3 所示。

表 2.1.3　色标符号规定

颜色	黑	棕	红	橙	黄	绿	蓝	紫	灰	白	金	银	无
数字	0	1	2	3	4	5	6	7	8	9	—	—	—
倍率	10^0	10^1	10^2	10^3	10^4	10^5	10^6	10^7	10^8	10^9	10^{-1}	10^{-2}	—
误差 /%	—	±1	±2	—	—	±0.5	±0.2	±0.1	±0.05	—	±5	±10	±20

色环顺序的识读：从色环到电阻引线的距离看，离引线较近的一环是第一环；从色环间的距离看，间距最远的一环是最后一环，即允许偏差环；金、银色只能出现在色环的第三、

四位的位置上,而不能出现在色环的第一、二位上;若均无以上特征且能读出两个电阻值,可根据电阻的标称系列标准,若在其内者则识读顺序是正确的;若两者都在其中,则只能借助万用表来加以识别。

例如,红、红、红、银四环表示的阻值为 $22×10^2=2\,200\,\Omega$,允许偏差为 ±10%;棕、黑、黑、橙、棕五环表示的阻值为 $100×10^3=100\,k\Omega$,允许偏差为 ±1%。

3. 电位器

电位器是一种阻值连续可调的电阻器,在电子产品中经常用它进行阻值、电位的调节。电位器对外有3个引出端,其中两个为固定端,一个为滑动端(也称为滑动触头)。滑动端在两个固定端之间的电阻体上做机械运动,使其与固定端之间的电阻发生变化。图 2.1.7 所示的碳膜电位器,转动电位器的转柄时,滑动片在电阻体上滑动,滑动片到两定片之间的阻值大小就会发生改变。当滑动片到一个定片的阻值增大时,滑动片到另一个定片的阻值将减小。

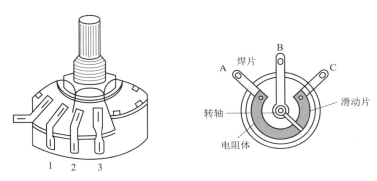

图 2.1.7　碳膜电位器

三、电阻的选用和检测

1. 电阻的选用

1)按用途选择电阻器的种类

电路中使用什么种类的电阻器,应按其用途进行选择。如果电路对电阻器的性能要求不高,可选用碳膜电阻,如果电路对电阻器的工作稳定性、可靠性要求较高,可选用金属膜电阻。对于要求电阻器功率大、耐热性好和频率不高的电路,可选用线绕电阻。精密仪器及有特殊要求的电路中选用精密电阻器。

2)电阻器额定功率的选用

在电路设计和使用中,选用电阻器的功率不能过大,也不能过小。如选用功率过大势必增大电阻的体积,选用过小就不能保证电阻器安全可靠地工作。一般选用电阻的额定功率值应是电阻在电路工作中实际消耗功率值的 1.5~2 倍。

3)电阻器的阻值和误差的选择

在选择电阻器时要求参数符合电路的使用条件,所选电阻器的阻值应接近电路设计的阻值,优先选用标准系列的电阻器。一般电路使用的电阻器允许误差为 ±5%~±10%。在特殊电路中根据要求选用。

另外，选用电阻时还要考虑工作环境与可靠性，首先要了解电子产品整机工作环境条件，然后与电阻器技术性能中所列的工作环境条件相对照，从中选用条件相一致的电阻器；还要了解电子产品整机工作状态，从技术性能上满足电路技术要求，保证整机的正常工作。

2. 电阻的检测

电阻器的阻值一般用万用表进行检测，万用表有指针式万用表和数字式万用表，检测方法有开路测试法和在线测试法。开路测试法就是对单独电阻器的检测，电阻器的在线测试就是对在印制电路板上的电阻器进行检测。

1）固定电阻的测试

（1）电阻器的开路测试（以数字式万用表为例）。

用数字式万用表测试电阻器时无须调零，根据电阻器的标称阻值将数字式万用表挡位旋转到适当的"Ω"挡位，测量时黑表笔插在"COM"插孔，红表笔插在"VΩ"插孔，两表笔分别接被测电阻器的两端，显示屏显示被测电阻器的阻值。如果显示"000"，则表示电阻器已经短路，如果仅最高位显示"1"，则说明电阻器开路。如果显示值与电阻器标称阻值相差很大，超过允许误差，这说明该电阻器质量不合格。

（2）电阻器的在线测试。

在线测试印制电路板上电阻器的阻值时，印制电路板不得带电（称为断电测试），而且还需对电容器等储能元件进行放电。通常，需对电路进行详细分析，估计某一电阻器有可能损坏时才能进行测试。此方法常用于维修中。

例如，怀疑印制电路板上的某一只阻值为 10 kΩ 的电阻器烧坏时，可用万用表红、黑表笔并联在 10 kΩ 的电阻器的两个焊接点上，如指针指示值接近（由于电路存在总的等效电阻，通常是略低一点）10 kΩ 时，则可排除该电阻器出现故障的可能性；若测试后的阻值与 10 kΩ 相差较大时，则该电阻器可能已经损坏。进一步确定，可将这个电阻器的一个引脚从焊盘上脱焊，再进行开路测试，以判断其好坏。

2）电位器的测试

（1）检测标称阻值。

根据电位器标称阻值的大小，将万用表置于适当的"Ω"挡位，用红、黑表笔与电位器的两固定引脚相接触，观察万用表指示的阻值是否与电位器外壳上的标称阻值一致。

（2）检测电位器的动端与电阻体接触是否良好。

将万用表的一个表笔与电位器的动端相接，另一表笔与任意一个定端相接，然后慢慢地将转轴从一个极端位置旋转至另一个极端位置，被测电位器的阻值应从零（或标称阻值）连续变化到标称阻值（或零）。

在旋转转柄的过程中，若数字式万用表测量的数字连续变化，则说明被测电位器是正常的；若数字式万用表的显示数值中有不变或显示"1"的情况，则说明被测电位器有接触不良现象。

3）敏感电阻的检测

（1）热敏电阻器的检测。

用万用表欧姆挡测量热敏电阻器阻值的同时，用电烙铁烘烤热敏电阻器，此时热敏电阻器的阻值慢慢增大，表明是正温度系数的热敏电阻器，而且是好的；当被测的热敏电阻器阻值没有任何变化时，说明热敏电阻器是坏的；当被测的热敏电阻器的阻值超过原阻值的很多倍或无穷大时，表明电阻器内部接触不良或断路；当被测的热敏电阻器阻值为零时，表明内部已经击穿短路。

（2）光敏电阻器的检测。

可用万用表的"$R \times 1\,\text{k}\Omega$"挡将万用表的表笔分别与光敏电阻器的引脚接触，当有光照射时，看其亮电阻阻值是否有变化，当用遮光物挡住光敏电阻器时，看其暗电阻有无变化，如果有变化说明光敏电阻器是好的；或者使照射光线强弱变化，如果万用表的指针随光线的变化而进行摆动，说明光敏电阻器是好的。

项目二 电 容

一、电容基础知识

电容器是由两个彼此绝缘的金属极板，中间夹有绝缘材料（绝缘介质）构成的。绝缘衬料的不同，构成电容器的种类也不同。电容器是一种储能元件，在电路中具有隔直流、通交流的作用，常用于滤波、去耦、旁路、级间耦合和信号调谐等方面。

电容器用字母 C 表示，单位是法拉（F），常用的单位还有微法（μF）、纳法（nF）、皮法（pF）。它们的换算关系为：$1\,\text{F} = 10^6\,\mu\text{F} = 10^9\,\text{nF} = 10^{12}\,\text{pF}$。

1. 电容的种类

电容器按电容量是否可调节，分为固定电容器、可变电容器和半可变电容器；按是否有极性，分为有极性电容器和无极性电容器；按其介质材料不同，分为空气介质电容器、固体介质（云母、纸介、陶瓷、涤纶和聚苯乙烯等）电容器和电解电容器；按电容的用途不同，分为耦合电容、旁路电容、滤波电容和调谐电容等。

常见电容器的外形如图 2.2.1 所示。电容器的图形符号如图 2.2.2 所示。

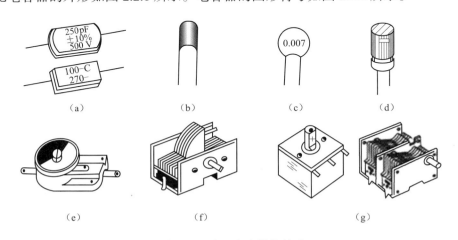

图 2.2.1　常见电容器的外形

（a）云母电容器；（b）涤纶电容器；（c）瓷片电容器；（d）电解电容器；
（e）微调电容器；（f）单联可变电容器；（g）双联可变电容器

图 2.2.2 电容器的图形符号

(a)固定电容器;(b)电解电容器;(c)微调电容器;(d)可调电容器

2. 电容的主要性能参数

1)电容器的标称容量和允许误差

标在电容器外壳上的电容量数值称为电容器的标称容量。它表征了电容器存储电荷的能力。标称容量有许多系列,常用的有 E6、E12、E24 系列。表 2.2.1 是固定电容器的标称容量系列。

表 2.2.1 固定电容器的标称容量系列

系列	允许误差 /%	标称值
E24	Ⅰ级(±5)	1.0, 1.1, 1.2, 1.3, 1.5, 1.6, 1.8, 2.0, 2.2, 2.4, 2.7, 3.0, 3.3, 3.6, 3.9, 4.3, 4.7, 5.1, 5.6, 6.2, 6.8, 7.5, 8.2, 9.1
E12	Ⅱ级(±10)	1.0, 1.2, 1.5, 1.8, 2.2, 2.7, 3.3, 3.9, 4.7, 5.6, 6.8, 8.2
E6	Ⅲ级(±20)	1.0, 1.5, 2.2, 3.3, 4.7, 6.8

电容器的允许偏差含义与电阻器相同,电容器允许偏差常用的是 ±5%、±10%、±20%,通常容量越小允许偏差越小。电容容量误差也可用符号 F、G、J、K、M 表示,对应允许误差分别为 ±1%、±2%、±5%、±10%、±15%、±20%,如一瓷片电容 104J 表示容量为 0.1 μF、误差为 ±5%。

2)额定工作电压

额定工作电压(也称为耐压值)是指在规定温度范围内,电路中电容器长期可靠地工作所允许加的最高直流电压。电容器在使用中不允许超过这个耐压值,如果超过,则说明电容器可能损坏或被击穿。电容器工作在交流电路中时,交流电压的峰值不能超过额定工作电压。

3)绝缘电阻

绝缘电阻是指电容器两极之间的电阻,也称为漏电阻,它表明电容器漏电的大小。绝缘电阻的大小取决于电容器的介质性质,一般在 1 000 MΩ 以上。绝缘电阻越小,漏电越严重。电容器漏电会引起能量损耗,这种损耗不仅影响电容的寿命,而且会影响电路的工作。因此,电容器的绝缘电阻越大越好。

二、电容的识别

1. 直标法

直标法是利用数字和文字符号在产品上直接标出电容器的主要参数,如标称容量、耐压和允许偏差等。主要用于体积较大电容器的标注,如电解电容、瓷片电容等。当电容上未标注偏差时,则默认偏差为 ±20%。有的电容器由于体积小,习惯上省略其单位。直标法应遵循以下规则:

(1)不带小数点的整数,若无标志单位,则表示 pF,如 3 300 表示 3 300 pF。

(2)带小数点的数值,若无标志单位,则表示 μF,如 0.47 表示 0.47 μF。

(3)许多小型固定电容器,如瓷介电容器等,其耐压均在 100 V 以上,由于体积小可以不标注耐压。

2. 数码法

用 3 位数码来表示电容器容量的方法称为数码法,单位为 pF。前两位为有效数字,后一位表示有效数字后零的个数,例如,102 表示 1 000 pF;103 表示 0.01 μF。但当第三位数为"9"时,要用有效数字乘上 10^9 来表示。

3. 文字符号法

文字符号法是用特定符号和数字表示电容器主要参数的方法,其中数字表示有效数值,字母表示数值的量级。常用字母有 μ、n、p 等,字母 μ 表示微法(μF)、字母 n 表示纳法(nF)、字母 p 表示皮法(pF),如 10 p 表示 10 pF。字母有时也表示小数点,如 3μ3 表示 3.3 μF、2p2 表示 2.2 pF。

有时数字前面加字母 μ 或 p 表示零点几微法或皮法。例如,p33 表示 0.33 pF,μ22 表示 0.22 μF。另外,零点几微法电容器,也可在数字前加上 R 来表示,如 R33 表示 0.33 μF。

4. 色标法

在电容器上标注色环或色点来表示其电容量及允许偏差的方法称为色标法。识读色环的顺序是从电容的顶部沿着电容器引线方向,即顶部为第一环,靠引脚的是最后一环。

电容器为四环标注时,第一、二环表示有效数值,第三环表示有效数字后面零的个数,第四环表示允许偏差(普通电容器)。电容器为五环色标注时,第一、二、三环表示有效数值,第四环表示有效数字后面零的个数,第五环表示允许偏差(精密电容器)。其单位为 pF。色环颜色规定与电阻的色标法相同。

例如,某电容器是"棕、黑、橙、金"四环标注时,表示其电容量为 0.01 μF、允许偏差为 ±5%;色环标志是"棕、黑、黑、红、棕"五环标注时,表示其电容量为 0.01 μF、允许偏差为 ±1%。

如果遇到电容器色环的宽度为两个或 3 个色环的宽度时,就表示这种颜色的两个或 3 个相同的数字。

三、电容的选用和检测

1. 电容的选用

1)根据在电路中的功能不同选择电容器

电路中使用什么种类的电容器,应根据其在电路中的功能来选择。例如,在电源滤波电路中选择电解电容;在高频或对电容量要求稳定的场合,应选用瓷介质电容、云母电容或钽电容。对于一般极间耦合,多选用金属化介质电容器或涤纶电容器。在选用时还应注意电容器的引线形式。

2)耐压选择

在选用电容器时,元件的耐压一般应高于实际电路中工作电压的 10%~20%,对于工作稳定性较差的电路,可留有较大的余量,以确保电容器不被损坏和击穿。

3）电容器容量和误差选择

在对容量要求不太严格的一般电路中，选用比设计值略大些的电容；在振荡、延时、选频和滤波等特殊电路中，选用与设计值尽量一致的电容；当现有电容与要求的容量不一致时，可采用串联或并联的方法选配。

对于业余小制作一般可不考虑电容器的容量误差；对于振荡、延时电路，电容器的容量误差应尽量小，选择误差应小于5%。对用于低频耦合、电源滤波等电路的电容器，其误差可以大些，其电容选择 ±5%、±10%、±20% 的误差等级都是可以的。

4）介质选择

电容器介质不同，其特性差异较大，用途也不相同。在选用电容的介质时，要首先了解各介质的特性，然后确定适用何种场合。

5）电容器的代用

在选购电容器时可能没有所需的型号或所需容量的电容器，或在维修时手头有的与所需的不相符时，便要考虑代用。代用的原则：电容器的容量基本相同；电容器的耐压不低于原电容器的耐压值；对于旁路电容、耦合电容，可选用比原电容量大的电容器代用。在高频电路中的电容，代换时要考虑频率特性，使其满足电路的频率要求。

2. 电容的检测

为使电容器能在电路中正常工作，在装配电路前要对电容器进行检测。可利用数字式万用表电容挡测量其容量，也可用指针式万用表指针摆动进行测试。

1）固定电容的检测

（1）5 000 pF 以上无极性电容器的检测。

用指针式万用表"$R \times 10 \text{ k}\Omega$"或"$R \times 1 \text{ k}\Omega$"电阻挡测量电容器两端，表头指针应先摆动一定角度后返回∞。若指针没有任何变动，则说明电容器已开路；若指针最后不能返回∞，则说明电容漏电较严重；若为0 Ω，则说明电容器已击穿。电容器容量越大，指针摆动幅度就越大。可以根据指针摆动最大幅度值来判断电容器容量的大小，以确定电容器容量是否减小了。若因容量太小看不清指针的摆动，则可调转电容两极再测一次，这次指针摆动幅度会更大。

（2）5 000 pF 以下无极性电容器的检测。

用指针万用表"$R \times 10 \text{ k}\Omega$"挡测量，指针应一直指到∞。指针指向无穷大，说明电容器没有漏电，但不能确定其容量是否正常。可利用数字式万用表电容挡测量其容量。

2）电解电容器的检测

（1）电解电容器极性的判别。

① 外观判别。通过电容器引脚和电容体的白色带来判别，带"-"号的白色带对应的脚为负极。长脚是正极，短脚是负极，如图 2.2.3 所示。

② 万用表识别。用指针式万用表的"$R \times 10 \text{ k}\Omega$"挡测量电容器两端的正、反向电阻值，在两次测量

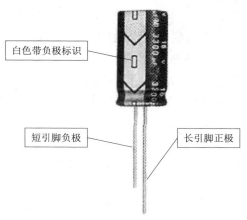

图 2.2.3　电解电容器极性外观判别

中，漏电阻小的一次黑表笔所接为负极。

（2）电解电容器漏电阻的测量。

将指针式万用表的红表笔接电容器的负极，黑表笔接正极。在接触的瞬间，万用表指针即向右偏转较大幅度（对于同一电阻挡，容量越大，摆幅越大），然后逐渐向左回转，直到停在某一位置。此指示电阻值即为电容器的正向漏电阻。

再将红、黑表笔对调，万用表指针将重复上述摆动现象。此时所测阻值为电容器的反向漏电阻，此值应略小于正向漏电阻。若测量电容器的正、反向电阻值均为0，则表明该电容器已击穿损坏。

经验表明，电解电容器的漏电阻一般应在 500 kΩ 以上性能较好，在 200~500 kΩ 时性能一般，小于 200 kΩ 时漏电较为严重。

测量电解电容时注意，电解电容的容量较一般固定电容大得多，所以测量时应针对不同容量选用合适的量程。从电路中拆下的电容器（尤其是大容量和高压电容器），应对电容器放电后再用万用表进行测量；否则会造成仪表损坏。

3）可变电容器的检测

用万用表的"$R \times 10 \text{ k}\Omega$"挡测量动片与定片之间的绝缘电阻，即用两表笔分别接触电容器的动片和定片，然后慢慢旋转动片，如转动到某一位置时阻值为零，表明有碰片短路现象。如动片转到某一位置时表针不为无穷大，而是出现了一定的阻值，表明动片与定片之间有漏电现象。如将动片全部旋进、旋出后，阻值均为无穷大，表明可变电容器良好。

项目三　电感和变压器

一、电感

电感器俗称电感或电感线圈，是利用自感作用制作的元件；理想的电感器是一种储能元件，主要用来调谐、振荡、耦合和滤波等。在高频电路中，电感元件应用较多。另外，人们还利用电感的互感特性制造了变压器、继电器等，在电路中常起到变压、耦合和匹配等作用。电感器一般由导线或漆包线绕成，为了增加电感量、提高品质因数和减小电感器体积，通常在线圈中加入铁芯或软磁材料的磁芯。

电感在电路中常用英文字母 L 表示，电感量的单位是亨利，简称亨，常用英文字母"H"表示；比亨利小的单位为毫亨，用英文字母 mH 表示；更小单位为微亨，用英文字母 μH 表示。它们之间的换算关系为：$1 \text{ H}=10^3 \text{ mH}=10^6 \text{ μH}$。

1. 电感的分类

电感器种类很多，按电感形式可分为固定电感和可变电感；按磁导体性质可分为空心线圈、铁氧体线圈、铁芯线圈、铜芯线圈；按工作性质可分为天线线圈、振荡线圈、扼流线圈、陷波线圈和偏转线圈；按绕线结构可分为单层线圈、多层线圈、蜂房式线圈；按工作频率可分为高频线圈、低频线圈。常见电感器的外形如图 2.3.1 所示。线圈电感器的电路符号如图 2.3.2 所示。

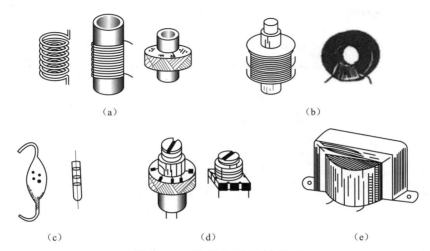

图 2.3.1　常见电感器的外形
（a）空心线圈；（b）磁芯线圈；（c）色环线圈；（d）可调磁芯线圈；（e）铁芯线圈

2. 电感器主要性能参数

（1）标称电感量。

线圈电感量的大小由线圈本身的特性决定，如线圈的直径、匝数及有无铁芯等。电感线圈的用途不同，所需的电感量也不同。例如，在高频电路中，线圈的电感量一般为 0.1 pH~100 H。

图 2.3.2　电感器的电路符号
（a）一般符号；（b）带铁芯电感器；（c）可调电感器

（2）品质因数（Q 值）。

品质因数是指线圈在某一频率下工作时，所表现出的感抗与线圈的总损耗电阻的比值，其中损耗电阻包括直流电阻、高频电阻和介质损耗电阻。Q 值越高，回路损耗越小，所以一般情况下都采用提高 Q 值的方法来提高线圈的品质因数。

对调谐回路线圈的 Q 值要求较高，用高 Q 值的线圈与电容组成的谐振电路有更好的谐振特性；用低 Q 值线圈与电容组成的谐振电路，其谐振特性不明显。

（3）分布电容。

电感线圈的匝与匝之间、线圈与铁芯之间都存在分布电容。频率越高，分布电容的影响就越严重，导致 Q 值急速下降。减少分布电容可通过减小线圈骨架的直径或者通过改变电感线圈的绕制方式实现，如采用蜂房式绕制等方法来实现。

（4）额定电流。

电感线圈在正常工作时，允许通过的最大电流称为额定电流。当电路电流超过其额定值时，电感器将发热，严重时会被烧坏。

3. 常见电感器的命名方法

国产电感器的命名一般由四部分组成，如图 2.3.3 所示，第一部分是主称，用字母表示，其中 L 表示线圈，ZL 表示阻流圈；第二部分是特征，用字母表示，其中 G 表示高频；第三部分表示型式，用字母表示，其中 X 表示小型；第四部分是区别代号，用字母 A、B、C… 表示。

例如,"LGX"表示小型高频电感线圈。

图 2.3.3　常见电感器的命名方法

4. 电感量的标识方法

(1) 直标法。

直标法是将电感器的主要参数用文字符号直接标注在电感线圈的外壳上。其中,用数字标注电感量,用字母 A、B、C、D 等表示电感线圈的额定电流,用 Ⅰ、Ⅱ、Ⅲ 表示允许误差。

例如,固定电感线圈外壳上标有 150 μH、A、Ⅱ 的标志,则表明线圈的电感量为 150 μH,最大工作电流 50 mA(A 挡),允许误差为 Ⅱ 级(±10%)。

(2) 色标法。

在电感线圈的外壳上,使用色环或色点表示其参数的方法称为色标法。这种表示法与电阻器的色标法相似,一般有 4 种颜色,前两种颜色为有效数字,第三种颜色为倍率,第四种颜色表示允许误差。数字与颜色的对应关系同色环电阻,单位为微亨(μH)。

例如,电感器的色标为"棕、绿、黑、银",则表示电感量为 15 pH、允许误差为 ±10%。

5. 电感线圈的选用

(1) 电感使用的场合。

电感线圈在电路中使用时,要考虑环境温度、湿度的高低,高频或低频环境,电感在电路中表现的是感性还是阻抗特性等。

(2) 电感的频率特性。

电感线圈在低频时一般呈现电感特性,起储能、滤高频的作用。在高频时,它的阻抗特性表现明显,有耗能发热、感性效应降低等现象。

(3) 使用前进行检查。

电感线圈使用前先要检查其外观,不允许有线匝松动、引线接点活动等现象。然后用万用表进行线圈通、断检测,尽量使用精度较高的万用表或欧姆表,因为电感线圈的阻值均比较小,必须仔细区别正常阻值与匝间短路。

二、变压器

变压器是利用电感线圈间的互感现象工作的,在电路中常用作电压变换、阻抗变换等。它也是一种电感器,由一次绕组、二次绕组、铁芯或磁芯等组成。

1. 变压器的分类

按导磁材料不同,变压器可分为硅钢片变压器、低频磁芯变压器、高频磁芯变压器。按用途分类,变压器可分为电源变压器和隔离变压器、调压器、输入输出变压器和脉冲变压器。按工作频率分类,变压器可分为低频变压器、中频变压器和高频变压器。

变压器的实物外形如图 2.3.4 所示,变压器的电路符号如图 2.3.5 所示。

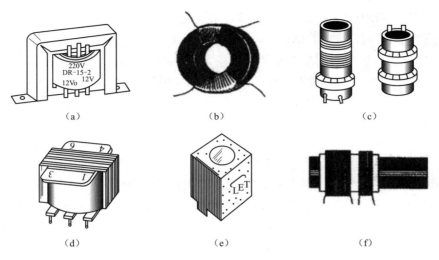

图 2.3.4 变压器的实物外形

（a）电源变压器；（b）环形变压器；（c）空心变压器；（d）输入输出变压器；（e）中频变压器；（f）高频变压器

图 2.3.5 变压器的电路符号

（a）普通变压器；（b）带中心抽头变压器；（c）磁芯可调变压器；（d）带有屏蔽变压器

2. 变压器的主要性能参数

（1）额定功率。额定功率是指变压器在特定频率和电压条件下，能长期工作而不超过规定温升的输出功率。其单位用瓦（W）或伏安（VA）表示。

（2）变压比。变压比是指一次电压（U_1）与二次电压（U_2）的比值或一次绕组匝数（N_1）与二次绕组匝数（N_2）的比值。变压器的变压比为

$$n=\frac{U_1}{U_2}=\frac{N_1}{N_2}$$

若 $n>1$，则该变压器称为降压变压器；若 $n<1$，则该变压器称为升压变压器。

（3）效率。它是变压器的输出功率与输入功率的比值。常用百分数表示，其大小与设计参数、材料、工艺及功率有关。一般电源变压器、音频变压器要注意效率，而中频、高频变压器一般不考虑效率。

（4）绝缘电阻。绝缘电阻是在变压器上施加的实验电压与产生的漏电流之比。小型变压器的绝缘电阻不小于 500 MΩ。

三、电感器与变压器的检测

1. 电感器的检测

用万用表测量电感器的阻值，可以大致判断电感器的好坏。将万用表置于"$R\times 1$"挡，若测得的直流电阻为零或很小（零点几欧至几欧），说明电感器未断；当测量的线圈电阻为

无穷大时，表明线圈内部或引出线已经断开。在测量时要将线圈与外电路断开，以免外电路对线圈的并联作用造成错误的判断。

用数字式万用表也可以对电感器进行通断测试。将数字式万用表的量程开关拨到"通断蜂鸣"符号处，用红、黑表笔接触电感器的两端，如果阻值小，表内蜂鸣器就会鸣叫，表明该电感器可以正常使用。若想测出电感线圈的准确电感量，则必须使用万用电桥、高频Q表或数字式电感电容表。

2. 变压器的检测

（1）一、二次绕组的通断检测。

将万用表置于"$R \times 1\ \Omega$"挡，将两表笔分别碰接一次绕组的两引出线，阻值一般为几十欧至几百欧，若出现∞则为断路，若出现0阻值则为短路。用同样方法测二次绕组的阻值，一般为几欧至几十欧（降压变压器），如二次绕组有多个时，输出标称电压值越小，其阻值越小。

（2）绕组间、绕组与铁芯间的绝缘电阻检测。

将万用表置于"$R \times 10\ \mathrm{k}\Omega$"挡，将一表笔接一次绕组的一引出线，另一表笔分别接二次绕组的引出线，万用表所示阻值应为∞，若小于此值时表明绝缘性能不良，尤其是阻值小于几百欧时表明绕组间有短路故障。

（3）变压器二次绕组空载电压的测试。

将变压器一次绕组接入 220 V 电源，将万用表置于交流电压挡，根据变压器二次的标称值，选好万用表的量程，依次测出二次绕组的空载电压，允许误差一般不应超出 5%~10% 为正常（在初级电压为 220 V 的情况下）。

项目四　半导体器件

半导体是一种导电能力介于导体和绝缘体之间的物质，半导体器件包括二极管、晶体管、场效应晶体管及其他一些特殊的半导体器件。常用的半导体材料有硅、锗、砷化镓等。

随着Ⅲ—Ⅴ族化合物半导体材料的发展，在"双碳"背景下以氮化镓和碳化硅为例的多种新材料制成的半导体器件在新能源汽车、人工智能、5G 通信等新领域中不断得以应用。

一、半导体器件的命名方法

国产半导体器件型号由五部分组成，第一部分用数字表示器件电极的数目，第二部分用字母表示器件的材料和类型，第三部分用字母表示器件的用途，第四部分是用数字表示器件的序号，第五部分是用汉语拼音字母表示规格号。

例如，3DG6 表示 NPN 型硅材料高频小功率三极管，6 为序号；2CW5 表示 N 型硅材料的稳压二极管，5 为序号。

二、半导体二极管

半导体二极管由一个 PN 结、电极引线和外加密封管壳制成，具有单向导电性。其主要作用有稳压、整流、检波、开关和光电转换等。

1. 半导体二极管的分类

二极管按材料可分为硅二极管、锗二极管和砷化镓二极管等；按结构不同可分为点接触型二极管和面接触型二极管；按用途可分为整流二极管、稳压二极管、检波二极管和开关二极管等。

二极管的实物外形如图 2.4.1 所示。二极管的电路符号如图 2.4.2 所示。

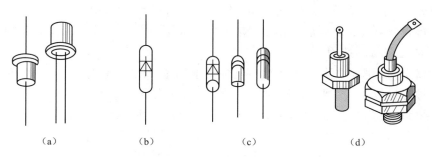

图 2.4.1 二极管的实物外形

（a）金属壳二极管；（b）玻璃壳二极管；（c）塑封二极管；（d）大功率螺栓状二极管

图 2.4.2 二极管的电路符号

（a）普通二极管；（b）发光二极管；（c）变容二极管；（d）稳压二极管

2. 二极管的主要性能参数

（1）最大正向电流 I_F。最大正向电流是指二极管长期工作时，允许通过的最大正向平均电流。使用时通过二极管的平均电流不能大于这个值；否则将导致二极管损坏。

（2）最大反向工作电压 U_{RM}。最大反向工作电压是指二极管正常工作时，二极管所能承受的反向电压的最大值。一般手册上给出的最高反向工作电压约为击穿电压的一半，以确保管子安全运行。

（3）最高工作频 f_M。最高工作频率是指二极管能保持良好工作性能条件下的最高工作频率。

（4）反向饱和电流 I_S。反向饱和电流是指二极管未击穿时流过二极管的最大反向电流。反向饱和电流越小，管子的单向导电性能越好。

3. 常用二极管

（1）整流二极管。整流二极管主要用于整流电路，即把交流电变换成脉动的直流电。整流二极管为面接触型，其结电容较大，因此工作频率范围较窄（在 3 kHz 以内）。

常用的型号有 2CZ 型、2DZ 型等，还有用于高压和高频整流电路的高压整流堆，如 2CGL 型、DH26 型和 2CL51 型等。

（2）检波二极管。检波二极管的主要作用是把高频信号中的低频信号检出，其结构为点接触型，其结电容小，一般为锗管。检波二极管常采用玻璃外壳封装。

（3）稳压二极管。稳压二极管也叫稳压管，它是用特殊工艺制造的面结型硅半导体二极管，其特点是工作在反向击穿区实现稳压。

（4）变容二极管。变容二极管是利用PN结的电容随外加反向电压而变化的特性制成的，变容二极管工作在反向偏置区，结电容的大小与偏压大小有关。它主要用在高频电路中作自动调谐、调频和调相等。

（5）发光二极管。发光二极管简称为LED，具有一个单向导电的PN结，当通过正向电流时，该二极管就发光，将电能转换为光能，广泛应用在显示、指示、遥控和通信领域。

4. 半导体二极管的选用

选用二极管时，应根据用途和电路的具体要求选择二极管的种类、型号及参数。

选用检波二极管时，主要使工作频率符合电路频率的要求，结电容小的检波效果好。整流二极管主要考虑其最大整流电流、最高反向工作电压是否能满足电路需要。

在维修电路时，如果原损坏的二极管型号一时找不到，可考虑代用。代换的方法是弄清楚原二极管的性质和参数，然后换上与其参数相当的其他型号二极管。

5. 二极管的测试

1）二极管的极性识别

普通二极管正、负极性一般都标注在其外壳上。标记方法有箭头、色点和色环3种，一般印有色点、色环的一端为负极；箭头所指方向或靠近色环的一端为二极管的负极，另一端为正极。

对于玻璃封装的点接触式二极管，可透过玻璃外壳观察其内部结构来区分极性，金属丝一端为正极，半导体晶片一端为负极；二极管两端形状不同，平头一端为正极，圆头一端为负极；对于发光二极管，长引脚为正极，短引脚为负极。

2）二极管检测

根据二极管的单向导电性，其反向电阻远远大于正向电阻。

用数字式万用表测量时，使用二极管挡测量，当测量的正向压降小时，说明是正向导通，红表笔所接为二极管的正极，黑表笔所接的为负极。当红、黑表笔对调后，反向溢出（显示1），为反向截止，此时黑表笔接的是二极管的正极，红表笔所接的为负极。

若不知被测二极管是硅管还是锗管，可根据硅、锗管的导通压降不同的原理来判别。将二极管接在电路中，当其导通时，用万用表测其正向压降，硅管一般为 0.6~0.7 V，锗管为 0.1~0.3 V。

三、半导体晶体管

半导体晶体管又称为双极型晶体管，简称为晶体管，由两个PN结、3个电极引线（基极、集电极、发射极）和管壳组成，是一种电流控制型器件。晶体管除具有放大作用外，还能起电子开关、控制等作用。它具有体积小、结构牢固、寿命长和耗电省等优点，被广泛应用于各种电子设备中。

1. 晶体管的种类

晶体管的种类很多，按材料不同可分为硅晶体管和锗晶体管；按结构可分为NPN型晶体管与PNP型晶体管；按工作频率可分为低频管和高频管；按功率可分为大功率管、中功率管和小功率管。

常见晶体管的实物外形如图 2.4.3 所示。晶体管的电路符号如图 2.4.4 所示。

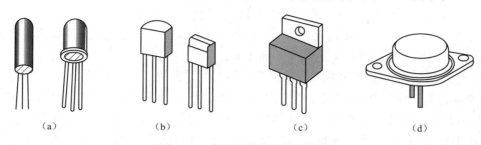

图 2.4.3 常见晶体管的实物外形

（a）小功率晶体管；（b）塑封小功率晶体管；（c）中功率晶体管；（d）低频大功率晶体管

2. 晶体管的主要参数

（1）电流放大系数 β。

晶体管的电流放大系数是表征晶体管对电流的放大能力，$\beta = \dfrac{i_c}{i_b}$。晶体管 β 值一般在 20~200，β 值太小则晶体管放大能力差，β 值太大则晶体管性能不稳定。

图 2.4.4 晶体管的电路符号

（a）PNP 型晶体管 （b）NPN 型晶体管

（2）集电极最大电流 I_{CM}。

当集电极电流值较大时，晶体管 β 值要下降，I_{CM} 使 β 值下降到额定值的 2/3 时，所允许通过的最大集电极电流。

（3）集电极最大允许耗散功率 P_{CM}。

集电极最大允许耗散功率 P_{CM} 是指根据晶体管允许的最高结温而定出的集电结最大允许耗散功率。

（4）穿透电流 I_{CEO}。

它指在晶体管基极电流 $I_B=0$ 时流过集电极的电流。它表明基极对集电极电流失控的程度。

3. 晶体管的测试

常用的小功率晶体管有金属外壳封装和塑料封装两种，可直接观察出 3 个电极，即 e、b、c。但仍需进一步判断管型和管子的好坏，一般可用万用表进行判别。

1）晶体管引脚的识别

常用的塑料封装晶体管的引脚排列规律是：将其引脚朝下，顶部切角对着观察者，则从左至右排列为发射极 e、基极 b 和集电极 c。

2）万用表识别

（1）判断基极与管型。

对于 NPN 型晶体管而言，c、e 极分别为两个 PN 结的负极，而 b 极则为它们共用的正极；PNP 型晶体管反之。根据 PN 结正向电阻小、反向电阻大的特性就可以很方便地判断基极和管子的类型。

具体方法：将数字式万用表拨在 PN 结挡。红表笔接触某一引脚，用黑表笔分别接另外两个引脚，若二次测量都是几百欧的低阻值时，则红表笔所接触的引脚就是基极，且晶体管的管型为 NPN 型；如用上述方法测得二次都是几十至上百千欧的高阻值时，则红表笔所接触的引脚即为基极，且晶体管的管型为 PNP 型。

（2）判别发射极和集电极。

由于晶体管在制作时两个 P 区或两个 N 区的掺杂浓度不同，如果发射极、集电极使用正确，则晶体管具有很强的放大能力；反之，如果发射极、集电极互换使用，则放大能力非常弱，由此可把管子的发射极、集电极区别开来。

在已经判断晶体管基极和类型的情况下，任意假设另外两个电极为 c、e，判别 c、e 时以 NPN 型晶体管为例，将数字式万用表拨在 PN 结挡上，将万用表红表笔接假设的集电极，黑表笔接假设的发射极，用潮湿的手指将基极与假设的集电极引脚捏在一起（注意不要让两极直接相碰），注意观察万用表测得的导通电压值；然后将两个引脚对调，重复上述测量步骤。比较两次测量中电压值幅度小的一次，红表笔接的是集电极，另一端是发射极。如果是 PNP 型晶体管，则正好相反。

3）晶体管好坏的判断

如在以上操作中无一电极满足上述现象，则说明晶体管已经损坏。也可用数字式万用表的 "h_{FE}" 挡来进行判断，当管型确定后，将晶体管插入 NPN 或 PNP 插孔，如 h_{FE} 值不正常（如为 0 或大于 300），则说明晶体管已损坏。

四、场效应晶体管

场效应晶体管与晶体管一样，也有 3 个极，分别是漏极（D）、源极（S）和栅极（G）。场效应晶体管是通过改变输入电压来控制输出电流的，它是电压控制器件。它的输入电阻高，具有温度特性好、抗干扰能力强、便于集成等优点，被广泛应用于各种电子产品中。

1. 场效应晶体管的分类

场效应晶体管可分为结型场效应晶体管（JFET）和绝缘栅场效应晶体管（MOS）。结型场效应晶体管又分为 N 沟道和 P 沟道两种；绝缘栅型场效应晶体管除有 N 沟道和 P 沟道之分外，还有增强型与耗尽型之分。

场效应晶体管的沟道为 N 型半导体材料的，称为 N 沟道场效应晶体管；反之，为 P 沟道场效应晶体管。场效应晶体管的电路符号如图 2.4.5 所示。

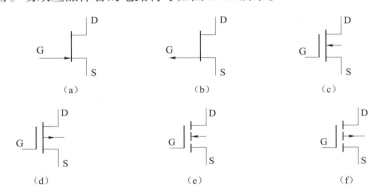

图 2.4.5 场效应晶体管的电路符号

（a）N 沟道结型；（b）P 沟道结型；（c）耗尽型 N 沟道绝缘栅型；
（d）耗尽型 P 沟道绝缘栅型；（e）增强型 N 沟道绝缘栅型；（f）增强型 P 沟道绝缘栅型

2. 场效应晶体管的使用常识

（1）为保证场效应晶体管安全可靠地工作，使用中不要超过器件的极限参数。

（2）绝缘栅型场效应晶体管保存时应将各电极引线短接，由于 MOS 管栅极具有极高的绝缘强度，因此栅极不允许开路；否则会感应出很高电压的静电而将其击穿。

（3）焊接时应将电烙铁的外壳接地或切断电源趁热焊接。

（4）测试时仪表应良好接地，不允许有漏电现象。

（5）当场效应晶体管使用在要求输入电阻较高的场合时，还应采取防潮措施，以免它受潮气的影响使输入电阻大大降低。

（6）对于结型场效应晶体管，栅、源间的电压极性不能接反；否则 PN 结将正偏而不能正常工作，有时可能烧坏器件。

3. 场效应晶体管的测试

下面以结型场效应晶体管（JFET）为例说明有关测试方法。

（1）场效应晶体管的栅极判别。

根据 PN 结的正、反向电阻值的不同，可以很方便地测试出结型场效应晶体管的 G、D、S 极。

将万用表置于"$R \times 1 \mathrm{k}\Omega$"挡，任选两电极，分别测出它们之间的正、反向电阻。若正、反向的电阻相等（约几千欧），则该两极为漏极 D 和源极 S（结型场效应晶体管的 D、S 极可互换），余下的则为栅极 G。

（2）判别 JEET 的好坏。

检查两个 PN 结的单向导电性，若 PN 结正常，管子是好的；否则为坏的。测漏、源间的电阻 R_{DS}，应为几千欧；若 $R_{DS}=0$ 或 $R_{DS}= \infty$，则管子已损坏。

对于绝缘栅型场效应晶体管而言，因其易被感应电荷击穿，所以不便于测量。

项目五　集成电路及其他元件

集成电路（IC）是利用半导体工艺和薄膜工艺将一些晶体管、二极管、电阻、电容和电感等元件及连线制作在同一半导体晶片或介质基片上，然后封装在一个管壳内，成为具有特定功能的电路。集成电路与分立元器件相比，具有体积小、质量轻、引出线和焊接点少、寿命长、可靠性高、性能好等优点，同时成本低，便于大规模生产。IC 在电子产品中得到广泛的应用。

当前中美双方全方位博弈背景下，国家重点发展集成电路产业，以设计为龙头，以装备为依托，以通用芯片、特色芯片制造为基础，打造集成电路产业链创新生态系统，逐步实现集成电路国产化。

一、集成电路

1. 集成电路的分类

集成电路按其功能、结构的不同，分为模拟集成电路和数字集成电路两大类。按制作工艺分为半导体集成电路和膜集成电路。按集成度高低的不同分为小规模集成电路、中规模集成电路、大规模集成电路和超大规模集成电路。集成电路按导电类型分为双极型集成电路和单极型集成电路。

双极型集成电路的制作工艺复杂、功耗较大，代表集成电路有 TTL、ECL、HTL、LSTTL、STTL 等类型。单极型集成电路的制作工艺简单，功耗也较低，易于制成大规模集成电路，代表集成电路有 CMOS、NMOS 和 PMOS 等类型。

2. 集成电路的封装形式

集成电路的封装形式有圆形金属外壳封装、扁平形陶瓷或塑料外壳封装、双列直插式陶瓷或塑料封装和单列直插式封装等，如图 2.5.1 所示。

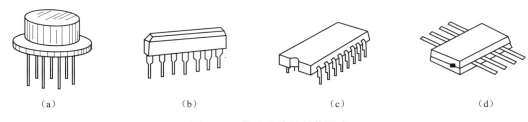

图 2.5.1　集成电路的封装形式
（a）圆形金属外壳封装　（b）单列直插式封装　（c）双列直插式封装　（d）扁平形陶瓷封装

3. 集成电路的引脚识别

集成电路引脚排列顺序的标志一般有色点、凹槽、管键及封装时压出的圆形标志。

（1）对于双列直插式集成电路，识别其引脚时，若引脚向下，即型号、商标向上，定位标记在左边，则从左下角第一只引脚开始，按逆时针方向依次为①、②、③、④、…。

（2）对于圆顶封装的集成电路（一般为圆形和菱形金属外壳封装），在识别引脚时应先将集成电路的引脚朝上，找出其标记。常见的定位标记有锁口突耳、定位孔及引脚不均匀排列等。引脚的顺序由定位标记对应的引脚开始，按顺时针方向依次为引脚①、②、③、④、…。

（3）对于单列直插式集成电路，识别其引脚时应使引脚向下，面对型号或定位标记，自定位标记对应一侧的第一只引脚数起，依次为①、②、③、④、…，此类集成电路上的定位标记一般为色点、凹坑、小扎、线条、色带和缺角等。

4. 使用注意事项

集成电路结构复杂、功能多、体积小、价格贵、安装与拆卸麻烦，在选购、检测时应十分仔细，以免造成不必要的损失。使用时应注意以下几点：

（1）集成电路在使用时不允许超过极限参数。

（2）集成电路内部包含几千甚至上万个 PN 结，因此它对工作温度很敏感，其各项指标都是在 27 ℃下测出。环境温度过低不利于其正常工作。

（3）在手工焊接集成电路时，不得使用功率大于 45 W 的电烙铁，连续焊接时间不能超过 10 s。

（4）MOS 集成电路要防止静电感应击穿。焊接时要保证电烙铁外壳可靠接地，必要时焊接者还应戴防静电手环、穿防静电服装和防静电鞋。在存放 MOS 集成电路时，必须将其放在金属盒内或用金属箔包起来，防止外界电场将其击穿。

5. 集成电路的检测方法

（1）电阻检测法。

对没有装入电路的集成电路，用万用表测各引脚对地的正反向电阻，并与参考资料或与另一只同类型的相比较，从而判断该集成电路的好坏。

（2）电压检测法。

在电路中使用的集成电路，用万用表的直流电压挡测量集成电路各引脚对地的电压，将测出的结果与该集成电路参考资料所提供的标准电压值进行比较，从而判断是该集成电路有问题还是集成电路的外围电路元器件有问题。

二、电声器件

电声器件是将电信号转换为声音信号或将声音信号转换成电信号的换能元件。常用的电声器件有扬声器、传声器、耳机和蜂鸣器等。

1. 扬声器

1）扬声器的分类

扬声器是一种将电能转换成声能的器件。根据能量转换方式分类，可分为电动式、电磁式、气动式和压电式。按磁场供给方式分类，可分为永磁式、励磁式。按照工作频段分类，可分为高频扬声器、低频扬声器、中频扬声器和全频扬声器。

扬声器的实物外形如图 2.5.2 所示。扬声器的电路符号如图 2.5.3 所示。

图 2.5.2　扬声器的实物外形　　　　　图 2.5.3　扬声器的电路符号

2）扬声器的技术参数

（1）标称阻抗。扬声器的标称阻抗是在给定频率下输入端的阻抗。其标称阻抗有 4 Ω、8 Ω、16 Ω 等几种。

（2）额定功率。它是扬声器在最大允许失真的条件下，允许输入扬声器的最大电功率。选用时，一般使输入给扬声器的功率相当于额定功率的 1/3~1/2 较为合适。

（3）频率特性。扬声器对不同频率信号的稳定输出特性称为频率特性。低频扬声器的频率范围为 30 Hz~3 kHz；中频扬声器的频率范围为 500 Hz~5 kHz；高频扬声器的频率范围为 2~15 kHz。

3）扬声器的检测

可用万用表对扬声器进行检测，判断其好坏，方法是用万用表"$R \times 1\ \Omega$"挡，将红（或黑）表笔与扬声器的一个引出端相接，另一表笔断续碰触扬声器另一端，应听到"喀、喀"声，说明扬声器是好的，若接触扬声器时不发声，R 为 ∞，说明扬声器已损坏。

2. 传声器

传声器是一种将声能转换成电能的器件。它的功能是将声音变成电信号。

1）传声器的分类

传声器按原理分为动圈式、铝带式、电容式和驻极体式等多种；按输出阻抗分为低阻抗型和高阻抗型。常见的传声器实物外形如图 2.5.4 所示。

传声器的电路符号如图 2.5.5 所示。

图 2.5.4　常见的传声器实物外形　　　图 2.5.5　传声器的电路符号

2）传声器的主要技术参数

（1）灵敏度。传声器的灵敏度是指传声器在一定声压作用下的输出声压级（即输出信号电压的多少）。

（2）输出阻抗。传声器的输出阻抗是指其输出端在 1 kHz 频率下测量的交流阻抗。一般阻抗值为 200~600 Ω 的称为低阻、为 10~20 kΩ 的称为高阻。

（3）指向性。传声器的指向性是指传声器的灵敏度随声波入射方向而变化的特性。如果传声器的灵敏度与声波的入射角无关，则称为全指向性。

3）传声器的检测

用万用表 "$R \times 100\ \Omega$" 挡将两表笔分别接传声器的引线，然后对准传声器讲话，如果测得的电阻值发生变化，说明传声器是好的，变化幅度大，说明灵敏度高。若无变化，说明传声器失效。

4）传声器的使用

传声器在使用时应注意以下几个问题：

（1）阻抗匹配。在使用传声器时，传声器的输出阻抗与放大器的输入阻抗两者相同是最佳的匹配。

（2）连接线和工作距离。传声器的输出电压很低，为了免受损失和干扰，连接线必须尽量短。同时，一般传声器与声源之间的工作距离以 30~40 cm 为宜，如果距离太远，噪声相对增长；工作距离过近则会因信号过强而失真。

（3）传声器放置的位置、高度和角度。在扩音时传声器不要先靠近扬声器放置或对准扬声器，否则会引起啸叫。同时，声源应对准传声器中心线，两者间偏角越大高音损失越大。

第三篇 典型电子产品装调与检修

采用项目任务驱动方式,通过对22个典型电子产品的装配与调试训练,掌握常用电子元器件的性能、特点、主要参数、识别与检测,能正确利用设备和工具规范组装电子产品并编制出相关工艺文件,熟练使用常用仪器仪表对产品进行参数、技术指标的测试,具备安全、环保、成本及产品质量等意识。

同时,通过对每个项目中典型故障点的设置,观察对应的故障现象,进一步加深对理论知识的理解,提高电子技术工作人员分析和解决问题的综合能力,培养按照正确方法检修典型电子产品故障的专业技能。

项目一 简易广告跑灯

一、项目任务与要求

1. 项目任务

某企业承接了一批简易广告跑灯的组装与调试任务,请按照相应的企业生产标准完成该产品的组装与调试,实现该产品的基本功能,满足相应的技术指标,并正确填写相关文件。

2. 项目要求

本套元件是按所需元件的120%配置,请准确清点和检查全套装配材料的数量和质量,进行元器件的识别与检测,筛选确定元器件。印制电路板组件符合《印制板组件可接受性标准》(IPC-A-610D)的二级产品等级可接受条件。装配完成后,利用相关的仪表对电路进行通电测试,并记录测试数据。

二、电路结构

简易广告跑灯电路如图 3.1.1 所示,电路共由三部分组成:555 定时器和 R_1、R_2、R_{P1}、C_1、C_2 构成的多谐振荡器;CD4017 计数译码器;$VD_1 \sim VD_{10}$ 这 10 个双色二极管和 R_3 组成的显示电路。

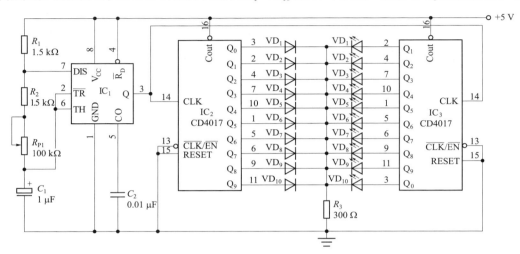

图 3.1.1 简易广告跑灯电路

三、工作原理

简易广告跑灯 – 微课视频

1. 集成元件介绍

1)555 定时器

555 时器是电子工程领域中广泛使用的一种中规模集成电路,在很多电子产品中都有应用。NE555 的作用是用内部的定时器来构成时基电路,给其他的电路提供时序脉冲。NE555 时基电路有两种封装形式有,一是 dip 双列直插 8 脚封装,另一种是 sop-8 小型(smd)封装形式。

其他 ha17555、lm555、ca555 分属不同的公司生产的产品。内部结构和工作原理都相同。广泛应用于产生多种波形的脉冲振荡器、检测电路、自动控制电路、家用电器以及通信产品等电子设备。

555 定时器的结构及引脚分布如图 3.1.2 所示,根据 TH(6 脚)和 $\overline{TR}$(2 脚)两个输入端与输出端 u_o(3 脚)的对应关系,将 555 定时器的功能口诀化,归纳为"两高出低,两低出高,中间保持;放电管 VT 的状态与输出相反"。

使用时注意,TH 电平高低是与 $\frac{2}{3}V_{CC}$ 相比较,$\overline{TR}$ 电平高低是与 $\frac{1}{3}V_{CC}$ 相比较。当 CO 端(5 脚)外加控制电压 U_{CO} 时,此时 TH 和 $\overline{TR}$ 电平高低的比较值将分别变成 U_{CO} 和 $\frac{1}{2}U_{CO}$。

2)计数器 CD4017

CD4017 是同步十进制加法计数器的集成芯片,有 10 个译码输出端,CP、CR、$\overline{EN}$ 输入端。$\overline{EN}$ 为低电平时,计数器在时钟上升沿计数;反之,计数功能无效。CR 为高电平时,计数器清零。电源电压范围为 3~15 V。

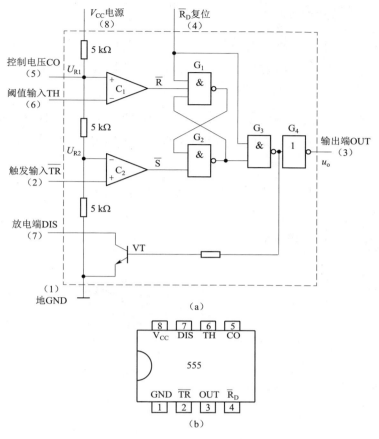

图 3.1.2　555 定时器的电路结构和引脚排列
（a）电路结构；（b）引脚排列

CD4017 是数字电路中常见的，常用的一款芯片，可以搭出很多好玩的电路。模拟电路和数字电路中的基础电路一般包括这些：直流稳压电源电路、运算放大器电路、信号产生电路、信号处理电路、传感器应用电路、电平转换电路、检测电路，等等。

CD4017 引脚分布如图 3.1.3 所示。其中，CP 为时钟输入端；$\overline{EN}$ 为使能端，低电平控制有效；CR 为清零端，高电平控制有效；CO 为进位脉冲输出；$Y_0 \sim Y_9$ 为计数脉冲输出端，译出为高电平 1，不译出为低电平 0；V_{DD} 为电源端；V_{SS} 为接地端。

2．工作原理

1）多谐振荡电路

由 555 定时器、R_1、R_2、R_{P1}、C_1、C_2 构成多谐振荡器，产生计数脉冲。

设电容 C_1 上的初始电压值为 0 V。接通电源后，根据 555 定时器的功能——"两低出高"，$u_O=1$，这时放电管 VT 截止。电源 V_{CC} 通过电阻 R_1、R_2 和 R_{P1} 对电容 C_1 充电，

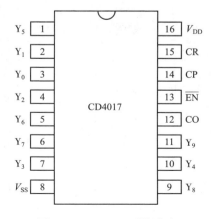

图 3.1.3　CD4017 引脚分布

u_C 按指数规律上升，充电时间常数 $\tau=(R_1+R_2+R_{P1})C_1$。

当 $u_C \geqslant \dfrac{2}{3}V_{CC}$ 时，根据 555 定时器的功能——"两高出低"，$u_O=0$。同时，放电管 VT 导通，电容 C_1 通过电阻 R_2、R_{P1} 和放电管 VT 放电，u_C 按指数规律下降，忽略放电管的导通内阻，放电时间常数 $\tau=(R_2+R_{P1})C_1$。

在 $\dfrac{1}{3}V_{CC}<u_C<\dfrac{2}{3}V_{CC}$ 期间，输出保持不变，即 $u_O=0$。当 $u_C \leqslant \dfrac{1}{3}V_{CC}$ 时，根据 555 定时器的功能——"两低出高"，$u_O=1$，这时放电管 VT 截止，电源 V_{CC} 又通过电阻 R_1、R_2 和 R_{P1} 对电容 C_1 充电。

当 $u_C \geqslant \dfrac{2}{3}V_{CC}$ 时，电路状态再一次翻转。如此周而复始地对电容 C_1 充电和放电，输出一个一定频率的矩形脉冲。

上述分析过程对应的工作波形如图 3.1.4 所示。

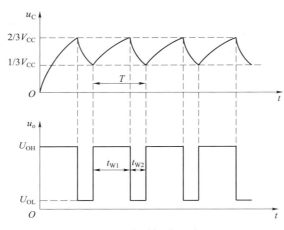

图 3.1.4 多谐振荡器波形

多谐振荡器的振荡周期为

$$T=t_{W1}+t_{W2}$$

t_{W1} 为电容 u_C 从 $\dfrac{1}{3}V_{CC}$ 充到 $\dfrac{2}{3}V_{CC}$ 所需的时间；t_{W2} 为电容 u_C 从 $\dfrac{2}{3}V_{CC}$ 放电到 $\dfrac{1}{3}V_{CC}$ 所需的时间。忽略放电管 VT 的饱和压降和导通内阻，根据 RC 电路过渡过程的时间间隔公式

$$t_W=t_2-t_1=\tau\ln\dfrac{u_C(\infty)-u_C(t_1)}{u_C(\infty)-u_C(t_2)}$$

分别计算得

$$t_{W1}=(R_1+R_2+R_{P1})C_1\ln\dfrac{V_{CC}-\dfrac{V_{CC}}{3}}{V_{CC}-\dfrac{2V_{CC}}{3}}=(R_1+R_2+R_{P1})C_1\ln 2$$

$$\approx 0.7(R_1+R_2+R_{P1})C_1$$

$$t_{W2} = (R_2+R_{P1})C_1 \ln \frac{0-\frac{2V_{CC}}{3}}{0-\frac{V_{CC}}{3}} = (R_2+R_{P1})C_1\ln2$$

$$\approx 0.7(R_2+R_{P1})C_1$$

故多谐振荡器的振荡周期为

$$T = t_{W1}+t_{W2} = 0.7[R_1+2(R_2+R_{P1})]C_1$$

振荡频率为

$$f = \frac{1}{T} = \frac{1}{0.7[R_1+2(R_2+R_{P1})]C_1}$$

2) 计数显示电路

由两个CD4017构成双十进制加法计数器，在时钟脉冲控制下，输出端$Q_0Q_1Q_2Q_3Q_4Q_5Q_6Q_7Q_8Q_9$的状态依次按以下计数规律循环，即

1000000000 → 0100000000 → 0010000000 → 0001000000 → 0000100000 → 0000010000 → 0000001000 → 0000000100 → 0000000010 → 0000000001 → 1000000000

从而使得VD_1~VD_{10}这10个双色二极管依次错位闪烁。

四、电路测试

1. 元器件识别

（1）色环电阻的识别。

① 四环电阻：前两位为有效值，第三位为倍率，最后一位为允许误差。

② 五环电阻：前三位为有效值，第四位为倍率，最后一位为允许误差。

色环参数如表3.1.1所示。

表 3.1.1　色环参数规定

颜色	黑	棕	红	橙	黄	绿	蓝	紫	灰	白	金	银	无
数字	0	1	2	3	4	5	6	7	8	9	—	—	—
倍率	10^0	10^1	10^2	10^3	10^4	10^5	10^6	10^7	10^8	10^9	10^{-1}	10^{-2}	—
误差/%	—	±1	±2			±0.5	±0.2	±0.1	±0.05	—	±5	±10	±20

（2）电容的识别。

① 直标法，如47μF/50 V（一般短脚或黑块为负极）。

② 文字符号法：前两位表示数字，后一位表示倍率（默认单位为pF），如 103=10×10^3 pF=0.01μF。

电容符号规定见表3.1.2。

表 3.1.2　电容符号规定

符号	F	G	J	K	L	M
误差 /%	±1	±2	±5	±10	±15	±20

（3）双色 LED。

中间为公共端（既可共阴也可共阳），用数字式万用表二极管挡进行测试，若 LED 发光则与红表笔相接的为正极。

2. 元器件测试

元器件测试如表 3.1.3 所示。

表 3.1.3　元器件测试

元器件	识别及检测内容		
电阻器 1 只	色环	标称值（含允许误差）	
	红黑黑棕棕（五环电阻）	2 kΩ，±1%	
电容 1 只	103	0.01 μF	
双色 LED	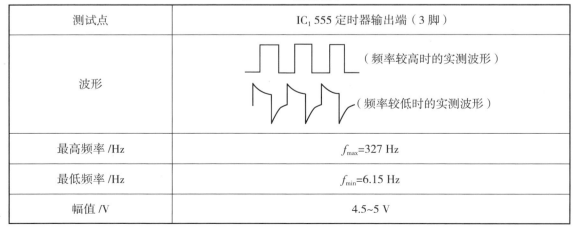	公共端	中间为公共端
		极性	若 LED 发光，则红表笔接的为正极

3. 电路测试

电路测试如表 3.1.4 所示。

表 3.1.4　电路测试

测试点	IC$_1$ 555 定时器输出端（3 脚）
波形	（频率较高时的实测波形） （频率较低时的实测波形）
最高频率 /Hz	f_{max}=327 Hz
最低频率 /Hz	f_{min}=6.15 Hz
幅值 /V	4.5~5 V

（1）最高频率。因为频率为周期的倒数，故可由最小周期求得最大频率，即
$$T_{min}=0.7(R_1+2R_2)\cdot C_1$$
则易知 $f_{max}=327$ Hz。

（2）最低频率。同理可由最大周期求得最小频率，即
$$T_{max}=0.7[R_1+2(R_2+R_P)]\cdot C_1$$
则易知 $f_{min}=6.15$ Hz。

4. 电路实物调试结果

电路实物调试图如图 3.1.5 所示。

广告跑灯
（演示视频）

图 3.1.5　电路实物调试图

五、工艺文件

1. 元件清单

元件清单如表 3.1.5 所示。

表 3.1.5　元件清单

序号	元件编号	元件名称	型号	参数	数量
1	R_1、R_2	电阻		1.5 kΩ	2
2	R_3	电阻		300 Ω	1
3	R_{P1}	电位器		100 kΩ	1
4	C_1	电容		1 μF	1
5	C_2	电容		0.01 μF	1
6	$VD_1\sim VD_{10}$	双色发光二极管	LED	共阴	10
7	IC_2、IC_3	集成块	CD4017		2
8	IC_1	集成块	NE555		1
9		管座		8 脚	1
10	S_1	排针			2
11		管座		16 脚	2

2. 工具设备清单

工具设备清单如表3.1.6所示。

表3.1.6 工具设备清单

序号	名称	型号/规格	数量	备注
1	万用表	UT51	1	
2	直流稳压电源	WD-5	1	+5 V
3	示波器	GDS-1062A	1	
4	电烙铁	701	1	
5	烙铁架	电木座	1	
6	尖嘴钳	6英寸[①]	1	
7	斜口钳	6英寸	1	
8	镊子	自定	1	
9	焊锡丝	SZL-X00G	适量	
10	松香	自定	适量	
11	螺丝刀		1	
12	杜邦线			

注①：1寸=2.54厘米。

广告跑灯
PCB板图

3. 产品实物图（作品展）

各元件在实际线路中分布的具体位置及各器件端子构成的图叫布线图，如元件实际样子表示的又叫实体图。产品实物图如图3.1.6所示。

图3.1.6 产品实物图

4. 电路装调步骤

1）装配步骤

（1）检测待装元件的数量、好坏、极性及集成块元件的引脚排列。

（2）元件成型和插件，插件顺序为先低后高、先小后大、先轻后重、先分立后集成。

（3）调整、固定元件位置，安装时将元件标记部位朝上，读数从左向右，便于识别。同时注意印制板与元件之间的距离。

（4）焊接、剪切引线、清洗等。

2）调试步骤

（1）通电前检查电源极性及有无短路情况。

（2）确定测试点的位置及输入、输出信号点。

（3）通电分单元进行动态和静态调试，然后进行整机性能测试和调整。

（4）如出现故障，按原理先检测公共电路，再逐级进行排查。

六、故障点分析

为加深对电子产品电路原理的理解，特设置了以下几个故障点，通过观察每个故障设置对应的故障现象，提高电子技术工作人员分析和解决问题的综合能力，培养维修典型电子产品故障的专业技能。

（1）故障设置：$VD_1 \sim VD_{10}$ 中损坏一个。

故障现象：损坏灯不亮，其余正常。

（2）故障设置：R_3 损坏。

故障现象：所有 LED 均不亮，因 LED 无回路。

（3）故障设置：R_1 损坏。

故障现象：无时钟脉冲 CP，左右随机亮一个二极管。

（4）故障设置：R_2 损坏。

故障现象：无时钟脉冲 CP，左右随机亮一个二极管。

项目二　四路彩灯

一、项目任务与要求

1. 项目任务

某企业承接了一批四路彩灯的组装与调试任务，请按照相应的企业生产标准完成该产品的组装与调试，实现该产品的基本功能，满足相应的技术指标，并正确填写相关文件。

2. 项目要求

本套元件是按所需元件的 120% 配置，请准确清点和检查全套装配材料的数量和质量，进行元器件的识别与检测，筛选确定元器件。印制电路板组件符合《印制板组件可接受性标准》（IPC-A-610D）的二级产品等级可接受条件。装配完成后，利用相关的仪表对电路进行通电测试，并记录测试数据。

二、电路结构

四路彩灯电路如图 3.2.1 所示，电路由四部分组成：555 定时器和 R_1、R_2、C_1、C_2 构成的多谐振荡器；74LS161 四位同步二进制加法计数器、74LS194 四位双向移位寄存器及 74LS00 两输入端与非门组成的彩灯控制电路；VD_1、VD_2、VD_3、VD_4 和 R_4、R_5、R_6、R_7 组成的显示电路；R_3 和 SB_1 构成的复位电路。

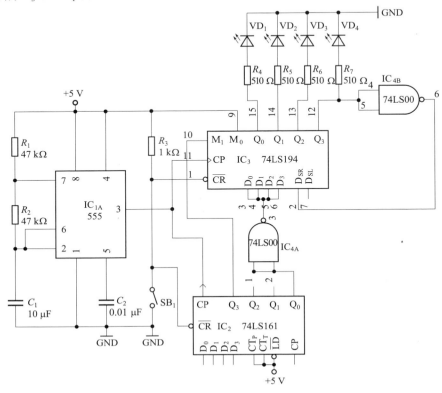

图 3.2.1 四路彩灯电路

四路彩灯-
微课视频

三、工作原理

1. 集成元件介绍

（1）555 定时器。

555 定时器的引脚排列如图 3.2.2 所示，根据 TH 和 $\overline{TR}$ 两个输入端与输出端 u_O 的对应关系，555 定时器的功能可归纳为"两高出低，两低出高，中间保持；放电管 VT 的状态与输出相反"。使用时注意，TH 电平高低是与 $\frac{2}{3}V_{CC}$ 相比较，$\overline{TR}$ 电平高低是与 $\frac{1}{3}V_{CC}$ 相比较。

（2）CT74LS161：四位同步二进制加法计数器。

CT74LS161 是一个常用的四位二进制可预置的同步加法计数器，CT74LS161 能够在各种的数字电路上灵活运用，并且 CT74LS161 还能在单片机系统里实现分频器的一些重要功能。

图 3.2.3 所示为集成四位同步二进制加法计数器 CT74LS161 的引脚排列。图中 CP 为计数脉冲输入端，$\overline{LD}$ 为同步置数控制端，$\overline{CR}$ 为异步清零控制端，CT_T、CT_P 为计数控制端，$D_0 \sim D_3$ 为并行数据输入端，$Q_0 \sim Q_3$ 为计数状态输出端，CO 为进位信号输出端。

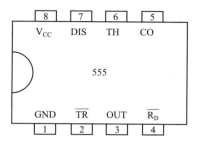

图 3.2.2 555 定时器的引脚排列

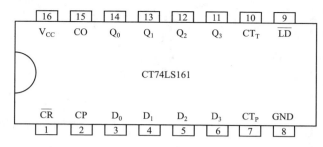

图 3.2.3 CT74LS161 引脚排列

表 3.2.1 所示为 CT74LS161 的功能表。从表中可以看出 CT74LS161 具有以下逻辑功能。

表 3.2.1 CT74LS161 的功能表

输入									输出				说明
$\overline{CR}$	$\overline{LD}$	CT_T	CT_P	CP	D_3	D_2	D_1	D_0	Q_3	Q_2	Q_1	Q_0	
0	×	×	×	×	×	×	×	×	0	0	0	0	异步清零
1	0	×	×	↑	d_3	d_2	d_1	d_0	d_3	d_2	d_1	d_0	同步置数
1	1	1	1	↑	×	×	×	×	加法计数				CO=$Q_3Q_2Q_1Q_0$
1	1	0	×	×	×	×	×	×	保持				保持
1	1	×	0	×	×	×	×	×	保持				保持

① 异步清零功能。当 $\overline{CR}$ =0 时,无论时钟脉冲 CP 和其他输入端为何信号,计数器都将被清零,即 $Q_3Q_2Q_1Q_0$=0000。

② 同步并行置数功能。当 $\overline{CR}$ =1,$\overline{LD}$ =0 的同时在 CP 上升沿的作用下,无论其他输入端为何信号,$D_3 \sim D_0$ 并行输入端的数据 $d_3 \sim d_0$ 被置入计数器,使 $Q_3Q_2Q_1Q_0=d_3d_2d_1d_0$,完成并行置数动作。

③ 加法计数功能。当 $\overline{CR}$ = $\overline{LD}$ =1 时,$CT_T=CT_P=1$,在 CP 端输入计数脉冲时,计数器按照自然二进制数规律进行加法计数。这时进位输出 CO=$Q_3Q_2Q_1Q_0$,即当计数状态达到 1111 时产生进位信号。

④ 保持功能。当 $\overline{CR}$ = $\overline{LD}$ =1 时,若 $CT_T \cdot CT_P=0$,则计数器保持原来的状态不变。

(3) CT74LS194:四位双向移位寄存器。

在数字电路中,用来存放二进制数据或代码的电路称为寄存器。按功能可分为:基本寄存器和移位寄存器。移位寄存器中的数据可以在移位脉冲作用下一次逐位右移或左移,数据既可以并行输入、并行输出,也可以串行输入、串行输出,还可以并行输入、串行输出,串行输入、并行输出,十分灵活,用途也很广。目前常用的集成移位寄存器种类很多,其中CT74LS194 为四位双向移寄器。

图 3.2.4 所示为四位双向移位寄存器 CT74LS194 的逻辑功能示意图和引脚排列。图中 CP 为移位脉冲输入端,$\overline{CR}$ 为异步清零输入端,$D_0 \sim D_3$ 为并行数据输入端,D_{SR} 为右移串行数据输入端,D_{SL} 为左移串行数据输入端,M_1 和 M_0 为工作方式控制端,$Q_0 \sim Q_3$ 为并行数据输出端。

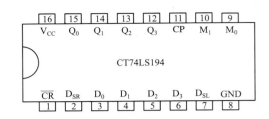

图 3.2.4　CT74LS194 引脚排列

CT74LS194 的功能表如表 3.2.2 所示。从表中可以看出它有以下功能。

表 3.2.2　CT74LS194 的功能表

$\overline{CR}$	M_1	M_0	CP	D_{SL}	D_{SR}	D_0	D_1	D_2	D_3	Q_0	Q_1	Q_2	Q_3	说明
0	×	×	×	×	×	×	×	×	×	0	0	0	0	异步清零
1	1	1	↑	×	×	d_3	d_2	d_1	d_0	d_3	d_2	d_1	d_0	并行置数
1	0	1	↑	×	d_{SR}	×	×	×	×	d_{SR}	Q_0^n	Q_1^n	Q_2^n	右移位
1	1	0	↑	d_{SL}	×	×	×	×	×	Q_1^n	Q_2^n	Q_3^n	d_{SL}	左移位
1	0	0	↑	×	×	×	×	×	×	保持				保持
1	×	×	0, 1	×	×	×	×	×	×	保持				保持

① 异步清零功能。当 $\overline{CR}$ =0 时，无论时钟脉冲 CP 和其他输入端为何信号，移位寄存器将被清零，即 $Q_0Q_1Q_2Q_3$=0000。

② 并行置数功能。当 $\overline{CR}$ =1，$M_1=M_0=1$ 时，在 CP 上升沿的作用下，无论其他输入端为何信号，$D_3 \sim D_0$ 并行输入端的数据 $d_3 \sim d_0$ 被置入移位寄存器，使 $Q_0Q_1Q_2Q_3=d_3d_2d_1d_0$。

③ 保持功能。当 $\overline{CR}$ =1 时，在 CP=0、1（CP 为无效状态）或 $M_1=M_0=0$ 时，移位寄存器保持原来的数码不变。

④ 右移串行送数功能。当 $\overline{CR}$ =1，$M_1=0$，$M_0=1$ 时，在 CP 上升沿的作用下，执行右移位功能，同时串行输入数据由 D_{SR} 输入，D_{SR} 送入 D_0。

⑤ 左移串行送数功能。当 $\overline{CR}$ =1，$M_1=1$，$M_0=0$ 时，在 CP 上升沿的作用下，执行左移位功能，同时串行输入数据由 D_{SL} 输入，D_{SL} 送入 D_3。

（4）CT74LS00：两输入端与非门。

CT74LS00 由 4 个二输入端的与非门构成，GND、V_{CC} 分别为接地端和电源端，引脚排列如图 3.2.5 所示。

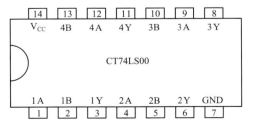

图 3.2.5　CT74LS00 引脚排列

与非门的功能特点是：有 0 出 1，全 1 出 0。

3. 工作原理

（1）多谐振荡电路。

由 555 定时器、R_1、R_2、C_1、C_2 构成多谐振荡器，产生计数脉冲。

其产生的脉冲周期为

$$T=0.7(R_1+2R_2) \cdot C_1$$

（2）计数电路。

CT74LS161 为四位同步二进制加法计数器，异步清零、同步置数控制。在时钟脉冲 CP 的作用下，$Q_3Q_2Q_1Q_0$ 的状态转换按以下规律循环，即

0000→0001→0010→0011→0100→0101→0110→0111→1000→1001→1010→1011→1100→1101→1110→1111→0000

（3）移位及显示电路。

CT74LS194 为双向移位寄存器，工作方式控制端 M_0 接电源，M_1 接计数器 CT74LS161 的输出端 Q_3。M_1M_0=01 时，实现右移功能；M_1M_0=11 时，实现置数功能。

① 当计数器 CT74LS161 为前 8 个计数状态，即输出 $Q_3Q_2Q_1Q_0$ 为 0000→0111 时，因 Q_3=0，CT74LS194 的控制端 M_1M_0=01，为右移状态，构成 8 位扭环计数器。此时寄存器 CT74LS194 的输出端 $Q_0Q_1Q_2Q_3$ 的状态为

1000→1100→1110→1111→0111→0011→0001→0000

与输出端对应的 LED 灯被点亮。规律为：依次递增点亮 LED 灯，当全部 LED 灯被点亮后，再依次递减熄灭 LED 灯。

② 当计数器 CT74LS161 为后 8 个计数状态，即输出 $Q_3Q_2Q_1Q_0$=1000→1111 时，因 Q_3=1，CT74LS194 的控制端 M_1M_0=11，为置数状态。此时 CT74LS194 的 $D_0D_1D_2D_3$=$\overline{Q_0}$（CT74LS161），则 CT74LS194 的输出端 $Q_0Q_1Q_2Q_3$ 的状态为

1111→0000→1111→0000→1111→0000→1111→0000

控制与输出端对应的 LED 灯规律为：LED 灯全被点亮，然后 LED 灯全被熄灭，接着又全被点亮，如此循环 4 次。

四、电路测试

1. 元器件识别

（1）色环电阻的识别。

① 四环电阻：前两位为有效值，第三位为倍率，最后一位为允许误差。

② 五环电阻：前三位为有效值，第四位为倍率，最后一位为允许误差。

（2）电容的识别。

① 直标法，如 47 μF/50 V（一般短脚或黑块为负极）。

② 文字符号法：前两位表示数字，后一位表示倍率（默认单位为 pF），如 <u>103</u>=10×10^3 pF=0.01 μF。

2. 元器件测试

元器件测试如表 3.2.3 所示。

表 3.2.3 元器件测试

元器件	识别及检测内容		
电阻器 1 只	色环	标称值（含允许误差）	
	黄紫黑红棕（五环电阻）	47 kΩ，±1%	
电容器 1 只	103	10×10^3 pF=0.01 μF	
发光二极管	所用仪表	数字表√ 指针表□	
	万用表读数（含单位）	正测	导通，LED 灯亮
		反测	截止，LED 灯灭

LED 灯测试方法如下。

正测：导通，LED 灯亮。此时与数字式万用表红表笔相接的是二极管的正极。

反测：截止，LED 灯灭。此时与数字式万用表红表笔相接的是二极管的负极。

3. 电路测试

前 8 个 CP 脉冲对应的 CT74LS194 的 $Q_0Q_1Q_2Q_3$ 状态为 1000 → 1100 → 1110 → 1111 → 0111 → 0011 → 0001 → 0000，如表 3.2.4 所示。电路实物调试图如图 3.2.6 所示。

四路彩灯
（演示视频）

4. 电路实物调试

表 3.2.4 电路测试

脉冲	测试条件：M_1=0（CT74LS194 输出端）			
	Q_0	Q_1	Q_2	Q_3
1	1	0	0	0
2	1	1	0	0
3	1	1	1	0
4	1	1	1	1
5	0	1	1	1
6	0	0	1	1
7	0	0	0	1
8	0	0	0	0

图 3.2.6 电路实物调试图

五、工艺文件

1. 元件清单

元件清单如表 3.2.5 所示。

表 3.2.5　元件清单

序号	元件编号	元件名称	型号	参数	数量
1	R_1、R_2	电阻		47 kΩ	2
2	$R_4 \sim R_7$	电阻		510 Ω	4
3	R_3	电阻		1 kΩ	1
4	C_1	电容		10 μF	1
5	C_2	电容		0.01 μF	1
6	IC_{1A}	集成块	NE555		1
7	IC_2	集成块	74LS161		1
8	IC_3	集成块	74LS194		1
9	IC_4	集成块	74LS00		1
10	SB_1	开关			1
11	$VD_1 \sim VD_4$	发光二极管	LED	草帽 5 mm	4
12		管座		8 脚	1
13		管座		14 脚	1
14		管座		16 脚	2

2. 工具设备清单

工具设备清单如表 3.2.6 所示。

表 3.2.6　工具设备清单

序号	名称	型号/规格	数量	备注
1	万用表	UT51	1	
2	直流稳压电源	WD-5	1	+5 V
3	示波器	GDS-1062A	1	
4	电烙铁	701	1	
5	烙铁架	电木座	1	
6	尖嘴钳	6 寸	1	
7	斜口钳	6 寸	1	
8	镊子	自定	1	
9	焊锡丝	SZL-X00G	自定	
10	松香	自定	自定	
11	杜邦线		自定	

3. 产品实物图（作品展）

各元件在实际线路中分布的具体位置及各器件端子构成的图叫布线图，如元件实际样子表示的又叫实体图。产品实物图如图 3.2.7 所示。

四路彩灯
PCB 板图

图 3.2.7　产品实物图

4. 电路装调步骤

1）装配步骤

（1）检测待装元件的数量、好坏、极性及集成块元件的引脚排列。

（2）元件成型和插件，插件顺序为先低后高、先小后大、先轻后重、先分立后集成。

（3）调整、固定元件位置，安装时将元件标记部位朝上，读数从左向右，便于识别。同时注意印制板与元件之间的距离。

（4）焊接、剪切引线、清洗等。

2）调试步骤

（1）通电前检查电源极性及有无短路情况。

（2）确定测试点的位置及输入、输出信号点。

（3）通电分单元进行动态和静态调试，然后进行整机性能测试和调整。

（4）如出现故障，按原理先检测公共电路，再逐级进行排查。

六、故障点分析

为加深对电子产品电路原理的理解，特设置了以下几个故障点，通过观察每个故障设置对应的故障现象，提高电子技术工作人员分析和解决问题的综合能力，培养维修典型电子产品故障的专业技能。

（1）故障设置：$VD_1 \sim VD_4$ 中损坏一个。

故障现象：对应 LED 灯不亮，其余正常。

（2）故障设置：R_1 损坏。

故障现象：复位后 LED 灯均不亮，因为无时钟 CP 输出。

（3）故障设置：R_2 损坏。

故障现象：复位后 LED 灯均不亮，因为无时钟 CP 输出。

（4）故障设置：R_3 损坏。

故障现象：可以依次递增点亮和依次递减熄灭 LED 灯，但没有同时亮同时灭的循环。

（5）故障设置：$R_4 \sim R_7$ 中损坏一个。

故障现象：与故障电阻串联的 LED 灯不亮，其余正常。

项目三　简易抢答器

一、项目任务与要求

1. 项目任务

某企业承接了一批简易抢答器的组装与调试任务，请按照相应的企业生产标准完成该产品的组装与调试，实现该产品的基本功能，满足相应的技术指标，并正确填写相关文件。

2. 项目要求

本套元件是按所需元件的 120% 配置，请准确清点和检查全套装配材料的数量和质量，进行元器件的识别与检测，筛选确定元器件。印制电路板组件符合《印制板组件可接受性标准》（IPC-A-610D）的二级产品等级可接受条件。装配完成后，利用相关的仪表对电路进行通电测试，并记录测试数据。通过抢答器项目的装调与检修，有效增强自己的时间观念意识。

二、电路结构

简易抢答器电路如图 3.3.1 所示，电路由四部分组成：电阻 R_2、R_3、R_4、R_5 和开关 $S_0 \sim S_3$ 构成的按键抢答部分；74LS373 八位 D 触发器和 74LS20 四输入端与非门组成的控制电路；电阻 R_6、R_7、R_8、R_9 和发光二极管 $LED_0 \sim LED_3$ 组成的显示电路；电阻 R_1 和开关 K_1 构成的复位电路。

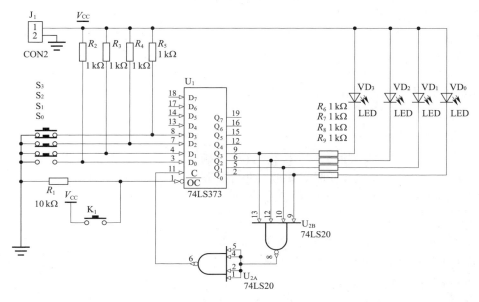

图 3.3.1　简易抢答器电路

三、工作原理

1. 集成元件介绍

（1）74LS373：八位 D 锁存器。

74LS373 是一款常用的地址锁存器芯片，由八个并行的、带三态缓冲输出的 D 触发器构成。在单片机系统中为了扩展外部存储器，通常需要一块 74LS373 芯片。

74LS373 内部含有三态输出的八位 D 触发器，具有数据锁存功能。D 触发器的功能为：有效触发下，输出 Q 随输入 D 变化。

74LS373 的引脚排列如图 3.3.2 所示，功能端控制方式如下。

三态控制端 $\overline{OC}$ =0 时，Q_0~Q_7 正常输出；若 $\overline{OC}$ =1 时，Q_0~Q_7 呈高阻态。

锁存端 C=1 时，$Q_n=D_n$；而当 C=0 时，数据锁存，D 触发器输出 Q 不随 D 变化。

（2）74LS20：四输入端与非门。

74LS20 是常用的双 4 输入与非门集成电路，常用在各种数字电路和单片机系统中，德州仪器 74LS20 系列是逻辑芯片，SN74LS20N 主要参数为：栅极数量：2 Gate；高电平输出电流：16 mA；低电平输出电流：0.4 mA；传播延迟时间：22 ns；电源电压－最大：5.25 V；电源电压－最小：4.75 V；封装：PDIP-14；引脚数 14。74LS20 系列拥有 4 组 2 输入端与非门（正逻辑）。74LS20 由两个四输入端的与非门构成，GND、V_{CC} 分别为接地端和电源端，引脚排列如图 3.3.3 所示。

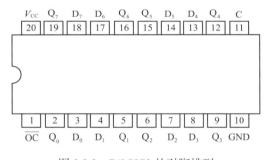

图 3.3.2　74LS373 的引脚排列

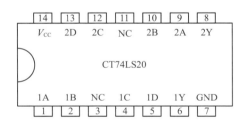

图 3.3.3　74LS20 的引脚排列

与非门的功能特点是有 0 出 1、全 1 出 0。

2. 工作原理

（1）当无人抢答时。

74LS373 的输入端 D_0~D_7 均为高电平 1，故其输出 Q_0~Q_7=1，两个与非门相连实现与逻辑运算的功能：全 1 出 1，故此时 C 端为高电平。同时，所有二极管工作在截止状态，4 个 LED 灯均不亮。

（2）当有人抢答时。

假设第三组选手抢答，按键 S_2 被按下一瞬间，74LS373 的输入端 D_2 接地，根据 D 触发器的功能：Q 随 D 变化。此时其输出 Q_2=0，其余触发器输出 Q 为 1，Q_2 对应的二极管 LED 导通，指示灯亮。同时，经两个与非门相连实现与逻辑运算的功能：有 0 出 0，使锁存端 C=0，74LS373 电路锁存（不工作），即使有其他选手接着抢答时，对应 LED 灯也不亮。

（3）电路复位。

按下复位开关 K_1，74LS373 的三态控制端 $\overline{OC}=0$，其输出 $Q_0 \sim Q_7$ 呈高阻状态，所有发光二极管没有电流通过，LED 灯全部熄灭，为下一轮抢答做好准备。

四、电路测试

1. 元器件识别

色环电阻的识别：

① 四环电阻：前两位为有效值，第三位为倍率，最后一位为允许误差。

② 五环电阻：前三位为有效值，第四位为倍率，最后一位为允许误差。

2. 元器件测试

元器件测试如表 3.3.1 所示。

表 3.3.1　元器件测试

元器件	识别及检测内容	
电阻器 1 只	色环	标称值（含允许误差）
	黄紫黑红棕（五环电阻）	$47\,k\Omega$，$\pm1\%$
三极管	绘出三极管外形并标出各引脚极性	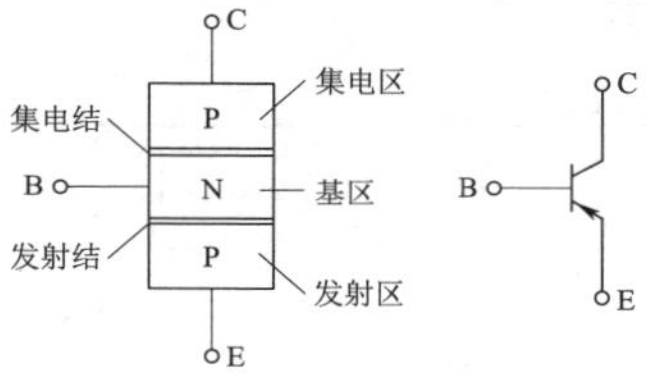
数码管	所用仪表	数字表√　指针表□
	标出数码管的引脚（在右框中画出数码管的外形图，并标出各引脚对应的数码）	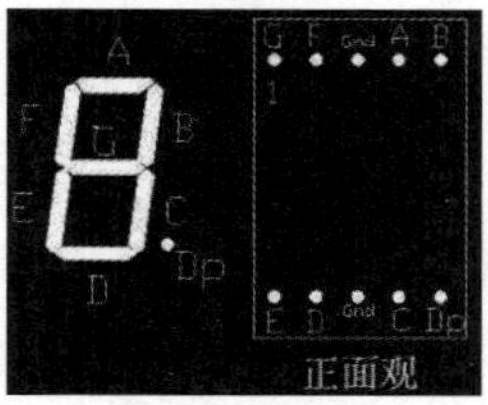

3. 电路测试

电路测试如表 3.3.2 所示。

表 3.3.2　电路测试

测试端	G 端（11 脚）	Q_0 端（2 脚）	Q_1 端（5 脚）	Q_2 端（6 脚）	Q_3 端（9 脚）
按下 K_1	4.99 V	4.99 V	4.99 V	4.99 V	4.99 V
按下 S_0	0 V	0 V	4.99 V	4.99 V	4.99 V

4. 电路实物调试

电路实物调试图如图 3.3.4 所示。

简易抢答器
（演示视频）

图 3.3.4 电路实物调试图

五、工艺文件

1. 元件清单

元件清单如表 3.3.3 所示。

表 3.3.3 元件清单

序号	元件编号	元件名称	型号	参数	数量
1	R_1	电阻		10 kΩ	1
2	$R_2 \sim R_9$	电阻		1 kΩ	8
3	$VD_0 \sim VD_3$	发光二极管			4
4	U_1	集成块	74LS373		1
5	U_2	集成块	74LS20		1
6	$S_0 \sim S_3$、K_1	开关			5
7	J	排针			2
8		管座		20 脚	1
9		管座		14 脚	1

2. 工具设备清单

工具设备清单如表 3.3.4 所示。

表 3.3.4 工具设备清单

序号	名称	型号/规格	数量	备注
1	万用表	UT51	1	
2	直流稳压电源	WD-5	1	+5 V
3	电烙铁	701	1	

续表

序号	名称	型号/规格	数量	备注
4	烙铁架	电木座	1	
5	尖嘴钳	6寸	1	
6	斜口钳	6寸	1	
7	镊子	自定	1	
8	焊锡丝	SZL-X00G	自定	
9	松香	自定	自定	
10	杜邦线		自定	

3. 产品实物图（作品展）

各元件在实际线路中分布的具体位置及各器件端子构成的图叫布线图，如元件实际样子表示的又叫实体图。产品实物图如图 3.3.5 所示。

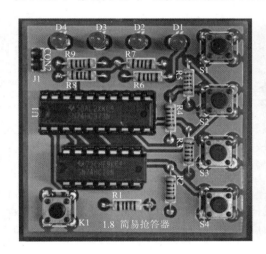
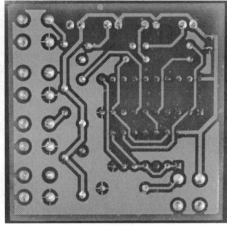

简易抢答器 PCB 板图

图 3.3.5 产品实物图

4. 电路装调步骤

1）装配步骤

（1）检测待装元件的数量、好坏、极性及集成块元件的引脚排列。

（2）元件成型和插件，插件顺序为先低后高、先小后大、先轻后重、先分立后集成。

（3）调整、固定元件位置，安装时将元件标记部位朝上，读数从左向右，便于识别。同时注意印制板与元件之间的距离。

（4）焊接、剪切引线、清洗等。

2）调试步骤

（1）通电前检查电源极性及有无短路情况。

（2）确定测试点的位置及输入输出信号点。

（3）通电分单元进行动态和静态调试，然后进行整机性能测试和调整。

（4）如出现故障，按原理先检测公共电路，再逐级进行排查。

六、故障点分析

为加深对电子产品电路原理的理解，特设置了以下几个故障点，通过观察每个故障设置对应的故障现象，提高电子技术工作人员分析和解决问题的综合能力，培养维修典型电子产品故障的专业技能。

（1）故障设置：S_0~S_3中损坏一个。

故障现象：对应选手无法抢答，LED灯不亮。

（2）故障设置：R_2~R_5中损坏一个。

故障现象：如R_2损坏，D_0=1.91 V，LED常亮，其他无法抢答，无法复位。

（3）故障设置：R_6~R_9中损坏一个。

故障现象：对应LED灯不亮。

（4）故障设置：K_1损坏。

故障现象：断路或短路导致无法复位，均无法抢答。

（5）故障设置：R_1损坏。

故障现象：电路为高阻态时（自动复位即抢后立即复位），灯不亮，无法抢答。

项目四　简易密码锁

一、项目任务与要求

1. 项目任务

某企业承接了一批简易密码锁的组装与调试任务，请按照相应的企业生产标准完成该产品的组装与调试，实现该产品的基本功能，满足相应的技术指标，并正确填写相关文件。

2. 项目要求

本套元件是按所需元件的120%配置，请准确清点和检查全套装配材料的数量和质量，进行元器件的识别与检测，筛选确定元器件。印制电路板组件符合《印制板组件可接受性标准》（IPC-A-610D）的二级产品等级可接受条件。装配完成后，利用相关的仪表对电路进行通电测试，并记录测试数据。通过密码锁项目装调与检修增强自我安全意识，有效规避风险事件。

二、电路结构

简易密码锁电路如图3.4.1所示，电路由三部分组成：4个边沿D触发器、S_0~S_9等10个数字按键和电阻R_1~R_4构成的密码控制部分；R_7、C_1和非门组成的密码延时电路；LED和R_6组成的模拟锁指示电路。

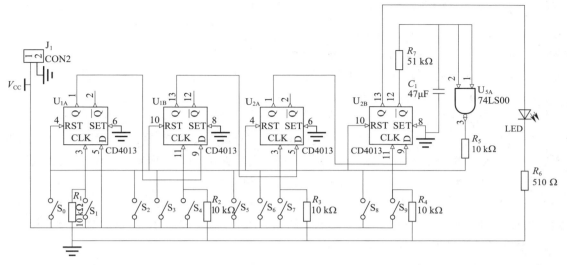

图 3.4.1 简易密码锁电路

三、工作原理

1. 集成元件介绍

（1）CD4013：边沿 D 触发器。

CD4013 是 CMOS 双边沿 D 触发器的集成芯片，由两个相同的、相互独立的 D 触发器构成，每个触发器有独立的数据、置位、复位、时钟输入和 Q 及 $\overline{Q}$ 输出，在时钟上升沿触发时，加在 D 输入端的逻辑电平传送到 Q 输出端。置位和复位与时钟无关，分别由置位或复位线上的高电平完成。

其中，CP 为时钟输入，上升沿触发有效；R_D 为异步清零端，高电平有效；S_D 为异步置数端，高电平有效；D 为数据输入端；Q 为逻辑正输出；$\overline{Q}$ 为逻辑负输出；V_{CC} 为电源端；GND 为接地端。

CD4013 引脚排列如图 3.4.2 所示。

（2）74LS00：二输入端与非门。

74LS00 由 4 个二输入端的与非门构成，GND、V_{CC} 分别为接地端和电源端，引脚排列如图 3.4.3 所示。

与非门的功能特点是有 0 出 1、全 1 出 0。

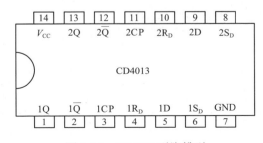

图 3.4.2　CD4013 引脚排列

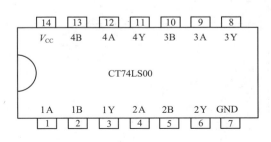

图 3.4.3　CT74LS00 引脚排列

2. 工作原理

（1）输入正确密码时。

如依次按下开关 S_1、S_4、S_7、S_9 时，触发器 $F_0 \sim F_3$ 的时钟输入端 CP 分别有上升沿触发，根据边沿 D 触发器输出 Q 随 D 变化的逻辑功能，依次向右移位，使得触发器 F_3 的输出 $Q_3=D_0=1$，$\overline{Q_3}=0$，模拟锁 LED 灯被点亮。

（2）延时原理。

输入密码前，触发器初始状态为 0 态，$Q_3=0$，故 $\overline{Q_3}=1$，电路通过 R_7 对 C_1 充电至高电平。依次输入正确密码后，因 $\overline{Q_3}=0$，电容 C_1 通过电阻 R_7 放电，当电容 C_1 上的电压放到低至与非门的阈值电压时，非门输出高电平，控制 4 个触发器的 R_D 端，触发器清零，此时 $Q_3=0$，LED 灯熄灭，延时结束。其中，电阻 R_7 和电容 C_1 的大小决定了过渡过程时间的长短，从而决定了模拟锁 LED 延时时间的长短，延时具体时间可由 *RC* 过渡过程时间间隔公式进行计算。

RC 电路过渡过程的时间间隔公式为

$$t_W = t_2 - t_1 = \tau \ln \frac{u_C(\infty) - u_C(t_1)}{u_C(\infty) - u_C(t_2)}$$

（3）输入错误密码时。

如按下 S_0、S_2、S_3、S_5、S_6、S_8 中任意一个按键，密码输入错误，则所有触发器清零，$Q_3=0$，模拟锁 LED 灯熄灭。

四、电路测试

1. 元器件识别

（1）色环电阻的识别。

① 四环电阻：前两位为有效值，第三位为倍率，最后一位为允许误差。

② 五环电阻：前三位为有效值，第四位为倍率，最后一位为允许误差。

（2）电容的识别。

① 直标法，如 47 μF/50 V（一般短脚或黑块为负极）。

② 文字符号法：前两位表示数字，后一位表示倍率（默认单位为 pF），如 <u>103</u>=10×10^3 pF=0.01 μF。

2. 元器件测试

元器件测试如表 3.4.1 所示。

表 3.4.1　元器件测试

元器件	识别及检测内容		
电阻器 1 只	色环	标称值（含允许误差）	
	黄紫黑红棕（五环电阻）	47 kΩ，±1%	
电容器 1 只	103	10×10^3 pF =0.01 μF	
LED	所用仪表	数字表√　　指针表□	
	万用表读数（含单位）	正测	导通，LED 灯亮
		反测	截止，LED 灯灭

LED 的测试如下。

正测：导通，LED 灯亮。此时与数字式万用表红表笔相接的是二极管的正极。

反测：截止，LED 灯灭。此时与数字式万用表红表笔相接的是二极管的负极。

3. 电路测试

按下 S_1，Q_0 为高电平；按下 S_4，$\overline{Q_1}$ 为低电平；按下 S_7，Q_2 为高电平；按下 S_9，Q_3 为高电平，经过一段时间延时后变为低电平。

4. 电路实物调试

电路实物调试图如图 3.4.4 所示。

简易密码锁
（演示视频）

图 3.4.4　电路实物调试图

五、工艺文件

1. 元件清单

元件清单如表 3.4.2 所示。

2. 工具设备清单

工具设备清单如表 3.4.3 所示。

表 3.4.2　元件清单

序号	元件编号	元件名称	型号	参数	数量
1	$R_1 \sim R_5$	电阻		10 kΩ	5
2	R_6	电阻		510 Ω	1
3	R_7	电阻		51 kΩ	1
4	C_1	电容		47 μF	1
5	LED	发光二极管			1
6	$S_0 \sim S_9$	开关			10
7	U_1、U_2	集成块	CD4013		2
8	U_5	集成块	74LS00		1
9	J_1	排针			2
10		管座			3

表 3.4.3　工具设备清单

序号	名称	型号/规格	数量	备注
1	万用表	UT51	1	
2	直流稳压电源	WD-5	1	+5 V
3	电烙铁	701	1	
4	烙铁架	电木座	1	
5	尖嘴钳	6寸	1	
6	斜口钳	6寸	1	
7	镊子	自定	1	
8	焊锡丝	SZL-X00G	自定	
9	松香	自定	自定	
10	杜邦线	自定	自定	

简易密码锁
PCB 板图

3. 产品实物图（作品展）

各元件在实际线路中分布的具体位置及各器件端子构成的图叫布线图，如元件实际样子表示的又叫实体图。产品实物图如图 3.4.5 所示。

4. 电路装调步骤

1）装配步骤

（1）检测待装元件的数量、好坏、极性及集成块元件的引脚排列。

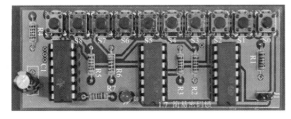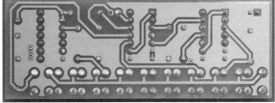

图 3.4.5　产品实物图

（2）元件成型和插件，插件顺序为先低后高、先小后大、先轻后重、先分立后集成。

（3）调整、固定元件位置，安装时将元件标记部位朝上，读数从左向右，便于识别。同时注意印制板与元件之间的距离。

（4）焊接、剪切引线、清洗等。

2）调试步骤

（1）通电前检查电源极性及有无短路情况。

（2）确定测试点的位置及输入输出信号点。

（3）通电分单元进行动态和静态调试，然后进行整机性能测试和调整。

（4）如出现故障，按原理先检测公共电路，再逐级进行排查。

六、故障点分析

为加深对电子产品电路原理的理解，特设置了以下几个故障点，通过观察每个故障设置对应的故障现象，提高电子技术工作人员分析和解决问题的综合能力，培养维修典型电子产品故障的专业技能。

（1）故障设置：R_1 损坏。

故障现象：LED 灯不亮（无法开锁），因为 Q_0~Q_3 中至少有一个无有效沿触发，Q_3 始终为 0，无法开锁。

（2）故障设置：R_2 损坏。

故障现象：LED 灯不亮（无法开锁），因为 Q_0~Q_3 中至少有一个无有效沿触发，Q_3 始终为 0，无法开锁。

（3）故障设置：R_3 损坏。

故障现象：LED 灯不亮（无法开锁），因为 Q_0~Q_3 中至少有一个无有效沿触发，Q_3 始终为 0，无法开锁。

（4）故障设置：R_6 损坏。

故障现象：LED 不亮，因为二极管没有回路，无电流。

（5）故障设置：C_1 断开。

故障现象：无延时。

项目五　A/D 转换与显示电路

一、项目任务与要求

1. 项目任务

某企业承接了一批 A/D 转换与显示电路的组装与调试任务，请按照相应的企业生产标准完成该产品的组装与调试，实现该产品的基本功能，满足相应的技术指标，并正确填写相关文件。

2. 项目要求

本套元件是按所需元件的 120% 配置，请准确清点和检查全套装配材料的数量和质量，进行元器件的识别与检测，筛选确定元器件。印制电路板组件符合《印制板组件可接受性标准》（IPC-A-610D）的二级产品等级可接受条件。装配完成后，利用相关的仪表对电路进行通电测试，并记录测试数据。

二、电路结构

A/D 转换与显示电路如图 3.5.1 所示，电路由三部分组成：555 定时器和 R_1、R_2、C_1 构成的多谐振荡器；ADC0803CN、R_3、C_3、C_4 构成的 8 位 A/D 转换器；LED_0~LED_7、R_4 构成的数字信号输出显示电路。

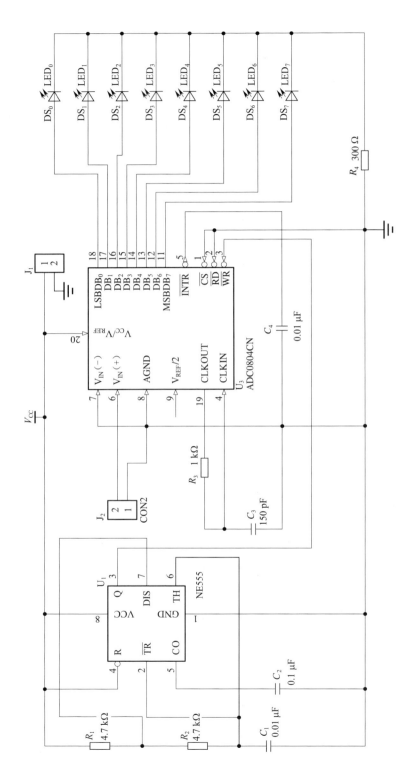

图 3.5.1 A/D 转换与显示电路

三、工作原理

1. 集成元件介绍

（1）555 定时器。

555 定时器的引脚排列如图 3.5.2 所示，根据 TH 和 $\overline{\text{TR}}$ 两个输入端与输出端 u_o 的对应关系，555 定时器的功能可归纳为"两高出低，两低出高，中间保持；放电管 VT 的状态与输出相反"。使用时注意：TH 电平高低是与 $\frac{2}{3}V_{CC}$ 相比较，$\overline{\text{TR}}$ 电平高低是与 $\frac{1}{3}V_{CC}$ 相比较。

（2）ADC0804 A/D 转换器。

ADC0804 引脚排列如图 3.5.3 所示，为 8 位 CMOS 逐次逼近型 A/D 转换器，三态锁定输出。其中，$\overline{\text{CS}}$ 为芯片选择信号控制端；$\overline{\text{RD}}$ 为外部读取转换结果的控制信号输出端；$\overline{\text{WR}}$ 为启动转换的控制输入端；$\overline{\text{INTR}}$ 为中断请求信号输出端；AGND、DGND 分别为模拟信号与数字信号的接地。

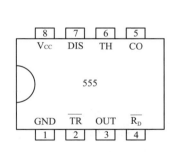

图 3.5.2　555 定时器引脚排列

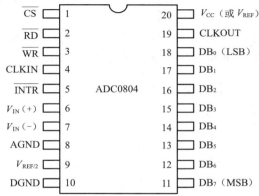

图 3.5.3　ADC0804 引脚排列

当 $\overline{\text{CS}}$ =0 且 $\overline{\text{WR}}$ =0 时，清除数据；$\overline{\text{CS}}$ =0 且 $\overline{\text{WR}}$ =1 时，转换正式开始。

CLKIN、CLKOUT 外接电阻 R_3 和电容 C_3 与内部电路形成振荡，可决定转换脉冲 CP 的频率，关系式为

$$f=\frac{1}{1.1R_3C_3}$$

也可以直接从 CLKIN 端输入时钟脉冲 CP，此时不需要外接 R_3、C_3。

2. 工作原理

（1）多谐振荡电路。

由 555 定时器、R_1、R_2、C_1 构成多谐振荡器，产生时钟脉冲。其脉冲周期为

$$T=0.7(R_1+2R_2)\cdot C_1$$

可计算出输出脉冲频率为 10 kHz，当输出为高电平 1 时，ADC0804 转换开始；而当输出为 0 时，ADC0804 清除数据，为下一次 A/D 转换做准备。

（2）A/D 转换电路。

当 555 定时器的输出为 1 时，ADC0804 进行 A/D 转换，转换速度由 f_{cp}（正常值在

100~1 460 kHz）决定，即

$$f_{cp} = \frac{1}{1.1R_3C_3}$$

根据逐次逼近型 A/D 转换电路的原理，转换时间为（n 代表输出数字信号的"位"数）

$$t_{转换时间} = (n+2)T_{cp} = (8+2) \times \frac{1}{f_{cp}}$$

为保证转换正常进行，555 定时器输出脉冲中高电平持续的时间（转换开始）应大于 A/D 转换时间。

（3）输出显示。

输入模拟信号越大，转换后对应输出的二进制数 DB_7~DB_0 就越大（并不代表 LED 灯亮得越多，而是高位亮的概率就越高）。输入 / 输出转换关系式为

$$D = \frac{2^8}{V_{REF}} u_I$$

式中，V_{REF} 为基准电压；u_I 为输入模拟信号的大小（注意：$u_I \leq V_{REF}$）；D 为输出数字信号的大小，用二进制数表示。

注：如在调试过程中出现输入大于某一电压值时输出 LED 灯全亮的情况，可增大电容 C_3 的容量或将 R_3 由 1 kΩ 改为 2~3 kΩ。

四、电路测试

1. 元器件识别

（1）色环电阻的识别。

① 四环电阻：前两位为有效值，第三位为倍率，最后一位为允许误差。

② 五环电阻：前三位为有效值，第四位为倍率，最后一位为允许误差。

（2）电容的识别。

① 直标法，如 47 μF/50 V（一般短脚或黑块为负极）。

② 文字符号法：前两位表示数字，后一位表示倍率（默认单位为 pF），如 $\underline{103} = 10 \times 10^3$ pF = 0.01 μF。

2. 元器件测试

元器件测试如表 3.5.1 所示。

表 3.5.1 元器件测试

元器件	识别及检验内容		
电阻器两只	色环电阻（五环电阻）	标称值（含允许误差）	
	绿、蓝、黑、金、棕（五环电阻）	56 Ω，±1%	
	黄、紫、黑、棕、棕（五环电阻）	4.7 kΩ，±1%	
发光二极管	所用仪表	数字表	
	万用表读数（含单位）	正测	导通，LED 亮
		反测	截止，LED 灭

续表

元器件	识别及检验内容	
	所用仪表	数字表
NE555	（1）在右框中画出 NE555 集成块的外形图，且标出引脚顺序及名称； （2）列表测量出 NE555 集成块的电源脚、输出脚对接地脚的电阻值	1 GND　　　V_{CC} 8 2 触发　　　放电 7 3 OUT　　　门限 6 4 复位　　控制电压 5

3. 电路测试

装配完成后，通电测试 ADC0804 集成块的 3 脚和 6 脚的电压值，同时观测 3 脚输入的波形。u_3 波形及 u_6（u_i）的电压大小见表 3.5.2。

表 3.5.2　电路测试

引脚	引脚名称	所用仪表的型号及挡位选择	电压大小 /V
3	启动转换的控制输入	数字式万用表：–20 V 挡	0~5 V
6	模拟信号输入端	信号发生器：正弦波输出	0~5 V
ADC0804 集成块引脚波形的测试			
3 脚波形（在右边的方框内画出波形形状，且标出周期、幅度的标识）			
周期 /ms		0.1	
幅度 /V		5	

4. 电路实物调试

电路实物调试图如图 3.5.4 所示。

AD 转换电路
（演示视频）

图 3.5.4　电路实物调试图

五、工艺文件

1. 元件清单

元件清单如表 3.5.3 所示。

表 3.5.3 元件清单

序号	元件编号	元件名称	型号/规格	数量	备注
1	R_1、R_2	电阻	4.7 kΩ	2	
2	R_3	电阻	1~3 kΩ	1	
3	R_4	电阻	300 Ω	1	
4	C_1、C_4	电容	103	2	
5	C_2	电容	104	1	
6	C_3	电容	151	1	
7	U_1	集成块	NE555	1	
8	U_2	集成块	ADC0804	1	
9	J_1、J_2	排针		4	
10	—	管座	20 脚	1	
11	—	管座	8 脚	1	
12	DS_0~DS_7	发光二极管	LED	8	

2. 工具设备清单

工具设备清单如表 3.5.4 所示。

表 3.5.4 工具设备清单

序号	名称	型号/规格	数量	备注
1	万用表	UT51	1	
2	直流稳压电源		1	多路可调
3	示波器	GDS-1062A	1	
4	电烙铁	701	1	
5	烙铁架	电木座	1	
6	尖嘴钳	6寸	1	
7	斜口钳	6寸	1	
8	镊子	自定	1	
9	焊锡丝	SZL-X00G	自定	
10	松香	自定	自定	
11	杜邦线		自定	

3. 产品实物图（作品展）

各元件在实际线路中分布的具体位置及各器件端子构成的图叫布线图，如元件实际样子表示的又叫实体图。产品实物图如图 3.5.5 所示。

AD 转换与
显示电路
PCB 板图

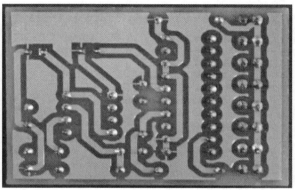

图 3.5.5　产品实物图

4. 电路装调步骤

1）装配步骤

（1）检测待装元件的数量、好坏、极性及集成块元件的引脚排列。

（2）元件成型和插件，插件顺序为先低后高、先小后大、先轻后重、先分立后集成。

（3）调整、固定元件位置，安装时将元件标记部位朝上，读数从左向右，便于识别。同时注意印制板与元件之间的距离。

（4）焊接、剪切引线、清洗等。

2）调试步骤

（1）通电前检查电源极性及有无短路情况。

（2）确定测试点的位置及输入、输出信号点。

（3）通电分单元进行动态和静态调试，然后进行整机性能测试和调整。

（4）如出现故障，按原理先检测公共电路，再逐级进行排查。

六、故障点分析

为加深对电子产品电路原理的理解，特设置了以下几个故障点，通过观察每个故障设置对应的故障现象，提高电子技术工作人员分析和解决问题的综合能力，培养维修典型电子产品故障的专业技能。

（1）故障设置：$DS_0 \sim DS_7$ 中损坏一个。

故障现象：损坏的 LED 不亮，其余正常。

（2）故障设置：R_1 损坏。

故障现象：LED 灯不亮，因为 555 定时器无脉冲输出，不能进行 A/D 转换。

（3）故障设置：R_2 损坏。

故障现象：LED 灯不亮，因为 555 定时器无脉冲输出，不能进行 A/D 转换。

（4）故障设置：R_3 损坏。

故障现象：LED 灯不亮或随机，因为无转换脉冲 f_{cp}，ADC0804 不工作。

（5）故障设置：R_4 损坏。

故障现象：LED 灯全不亮，因为所有的二极管无回路。

项目六　简易秒表

一、项目任务与要求

1. 项目任务

某企业承接了一批简易秒表的组装与调试任务，请按照相应的企业生产标准完成该产品的组装与调试，实现该产品的基本功能，满足相应的技术指标，并正确填写相关文件。

2. 项目要求

本套元件是按所需元件的 120% 配置，请准确清点和检查全套装配材料的数量和质量，进行元器件的识别与检测，筛选确定元器件。印制电路板组件符合《印制板组件可接受性标准》（IPC-A-610D）的二级产品等级可接受条件。装配完成后，利用相关的仪表对电路进行通电测试，并记录测试数据。

二、电路结构

简易秒表电路如图 3.6.1 所示，电路由四部分组成：555 定时器和 R_1、R_2、C_1、C_2 构成的多谐振荡器；CD4518 双十进制计数器；CD4511 4 线–7 线译码器；R_3~R_{16} 及数码管组成的共阴极显示电路。

简易秒表–
微课视频

三、工作原理

1. 集成元件介绍

（1）CD4518：双十进制同步计数器。

CD4518 是双十进制同步加法计数器，引脚排列如图 3.6.2 所示。其中，CLK 为时钟输入端；EN 为使能端；RESET 为清零端，高电平控制有效；Q_0~Q_3 为计数输出端（按 8421BCD 码计数规律）；V_{DD} 为电源端；V_{SS} 为接地端。

CD4518 为双脉冲控制输入，当上升沿触发时，时钟 CP 从 CLK 输入，此时 EN 为使能端，高电平时控制有效。当下降沿触发时，时钟 CP 从 EN 输入，此时 CLK 作使能端使用，低电平时控制有效。

（2）CD4511：4 线–7 线译码器。

CD4511 是一片 CMOS BCD—锁存/7 段译码/驱动器，用于驱动共阴极 LED（数码管）显示器的 BCD 码–七段码译码器。具有 BCD 转换、消隐和锁存控制、七段译码及驱动功能的 CMOS 电路能提供较大的拉电流。可直接驱动共阴 LED 数码管。

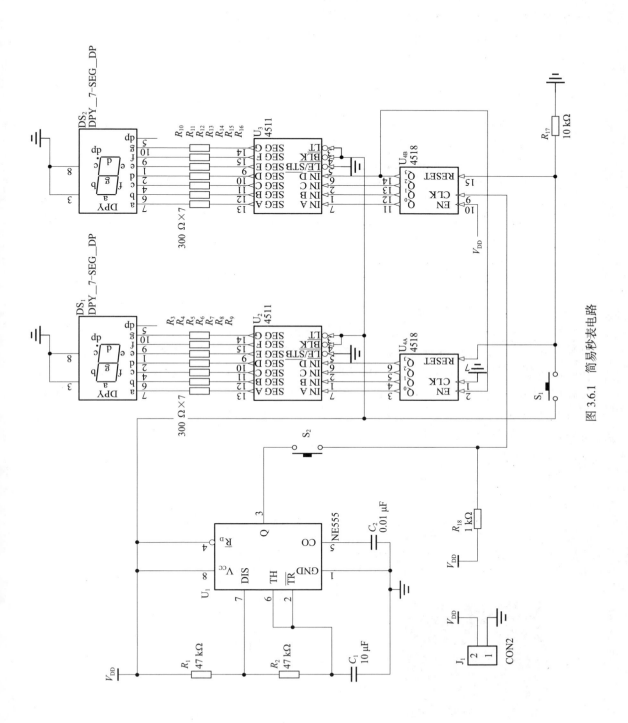

图 3.6.1 简易秒表电路

CD4511 是 4 线 –7 线显示译码器,引脚排列如图 3.6.3 所示。该译码器具有较大的输出电流驱动能力,可直接驱动半导体显示器。图中 A_3、A_2、A_1、A_0 为 8421BCD 码输入端,$Y_a \sim Y_g$ 为输出端,输出高电平有效,用以驱动共阴极显示器。

其中,$\overline{LE}$ 为数据锁存控制端($\overline{LE}$ =0 时,输出数据;$\overline{LE}$ =1 时,锁存数据);$\overline{BI}$ 为消隐端($\overline{BI}$ =0 时消隐);$\overline{LT}$ 为试灯端。

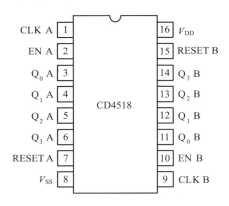

图 3.6.2　CD4518 引脚排列

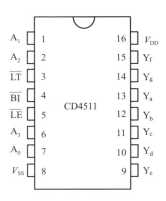

图 3.6.3　CD4511 引脚排列

(3)七段显示器:SM4205。

数码管也称 LED 数码管,按发光二极管单元连接方式可分为共阳极数码管和共阴极数码管。共阳数码管是指将所有发光二极管的阳极接到一起形成公共阳极(COM)的数码管,共阳数码管在应用时应将公共极 COM 接到 +5 V,当某一字段发光二极管的阴极为低电平时,相应字段就点亮,当某一字段的阴极为高电平时,相应字段就不亮。共阴数码管是指将所有发光二极管的阴极接到一起形成公共阴极(COM)的数码管,共阴数码管在应用时应将公共极 COM 接到地线 GND 上,当某一字段发光二极管的阳极为高电平时,相应字段就点亮,当某一字段的阳极为低电平时,相应字段就不亮。

SM4205 是共阴极七段数码管,其引脚关系如图 3.6.4 所示。

(4)555 定时器。

555 定时器的引脚排列如图 3.6.5 所示,根据 TH 和 $\overline{TR}$ 两个输入端与输出端 u_O 的对应关系,555 定时器的功能可归纳为"两高出低、两低出高,中间保持;放电管 VT 的状态与输出相反"。使用时注意,TH 电平高低是与 $\frac{2}{3} V_{CC}$ 相比较,$\overline{TR}$ 电平高低是与 $\frac{1}{3} V_{CC}$ 相比较。

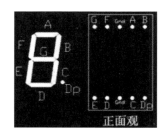

图 3.6.4　SM4205 引脚图

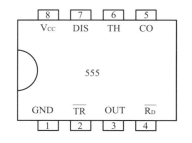

图 3.6.5　555 定时器的引脚排列

2. 工作原理

（1）多谐振荡电路。

由 555 定时器、R_1、R_2、C_1、C_2 构成多谐振荡器，产生计数脉冲。其产生的脉冲周期为

$$T=0.7(R_1+2R_2) \cdot C_1 = 1 \text{ s}$$

（2）计数电路。

由 CD4518 构成两位十进制加法计数器，个位计数器时钟由 CLK 输入，此时 EN 为使能端，上升沿触发有效。十位计数器的 CLK 作使能端，时钟由 EN 输入，下降沿触发有效。个位 Q_3 接十位的 EN，个位每 10 个脉冲，Q_3 产生一个下降沿，十位触发计数 1 次，达到逢十进一的目的。

（3）译码及显示电路。

CD4518 计数输出送到 7 段译码器 CD4511 的输入端，译码后通过共阴极数码管显示出来。两位数码管显示的最大数值为 99。

在图 3.6.1 中，按下开关 S_1，计数器清零端有效，电路清零。开关 S_2 具有暂停功能。

四、电路测试

1. 元器件识别

（1）色环电阻的识别。

① 四环电阻：前两位为有效值，第三位为倍率，最后一位为允许误差。

② 五环电阻：前三位为有效值，第四位为倍率，最后一位为允许误差。

（2）电容的识别。

① 直标法，如 47 μF/50 V（一般短脚或黑块为负极）。

② 文字符号法：前两位表示数字，后一位表示倍率（默认单位为 pF），如 $103=10 \times 10^3$ pF=0.01 μF。

2. 元器件测试

元器件测试如表 3.6.1 所示。

表 3.6.1　元器件测试

元器件	识别及检测内容	
电阻器 1 只	色环	标称值（含允许误差）
	黄、紫、黑、红、棕（五环电阻）	47 kΩ，±1%
电容器 1 只	103	0.01 μF
数码管	所用仪表	数字表√　　指针表□
	标出数码管的引脚（在右框中画出数码管的外形图，并标出各引脚对应的数码）	a f|g|b e||c d

3. 电路测试

当一切均正常时，数码管应每隔 1 s 就显示加 1，从"00"一直到"99"。

4. 电路实物调试

电路实物调试图如图 3.6.6 所示。

简易秒表-
微课视频

图 3.6.6　电路实物调试图

五、工艺文件

1. 元件清单

元件清单如表 3.6.2 所示。

2. 工具设备清单

工具设备清单如表 3.6.3 所示。

表 3.6.2　元件清单

序号	元件编号	元件名称	型号	参数	数量
1	R_1、R_2	电阻		47 kΩ	2
2	$R_3 \sim R_{16}$	电阻		300 Ω	14
3	R_{17}	电阻		10 kΩ	1
4	R_{18}	电阻		1 kΩ	1
5	C_1	电容		10 μF/25 V	1
6	C_2	电容	103	0.01 μF	1
7	U_1	集成块	NE555		1
8	U_4	集成块	CD4518		1
9	U_2、U_3	集成块	CD4511		2
10	DS_1、DS_2	集成块	SM4205	共阴极数码管	2
11	S_1、S_2	开关			2
12		管座		16 脚	3
13	J_1	排针			2
14		管座		8 脚	1

表 3.6.3　工具设备清单

序号	名称	型号/规格	数量	备注
1	万用表	UT51	1	
2	直流稳压电源	WD-5	1	+5 V
3	示波器	GDS-1062A	1	
4	电烙铁	701	1	
5	烙铁架	电木座	1	
6	尖嘴钳	6寸	1	
7	斜口钳	6寸	1	
8	镊子	自定	1	
9	焊锡丝	SZL-X00G	自定	
10	松香	自定	自定	
11	杜邦线		自定	

3. 产品实物图（作品展）

即各元件在实际线路中分布的具体位置及各器件端子构成的图叫布线图，如元件实际样子表示的又叫实体图。产品实物图如图 3.6.7 所示。

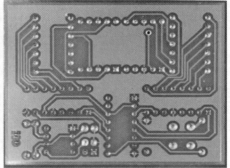

简易秒表 PCB 板图

图 3.6.7　产品实物图

4. 电路装调步骤

1）装配步骤

（1）检测待装元件的数量、好坏、极性及集成块元件的引脚排列。

（2）元件成型和插件，插件顺序为先低后高、先小后大、先轻后重、先分立后集成。

（3）调整、固定元件位置，安装时将元件标记部位朝上，读数从左向右，便于识别。同时注意印制板与元件之间的距离。

（4）焊接、剪切引线、清洗等。

2）调试步骤

（1）通电前检查电源极性及有无短路情况。

（2）确定测试点的位置及输入输出信号点。

（3）通电分单元进行动态和静态调试，然后进行整机性能测试和调整。

（4）如出现故障，按原理先检测公共电路，再逐级进行排查。

六、故障点分析

为加深对电子产品电路原理的理解，特设置了以下几个故障点，通过观察每个故障设置对应的故障现象，提高电子技术工作人员分析和解决问题的综合能力，培养维修典型电子产品故障的专业技能。

（1）故障设置：$R_3 \sim R_9$ 中损坏一个。

故障现象：十位七段数码管相对应的 LED 段不能被点亮，其余 LED 段正常点亮。

（2）故障设置：R_1 损坏。

故障现象：C_1 无法进行正常的充电，555 无脉冲输出，计数器不计数。

（3）故障设置：R_2 损坏。

故障现象：C_1 无法进行正常的充电，555 无脉冲输出，计数器不计数。

（4）故障设置：S_2 损坏。

故障现象：脉冲无法送入计数器，停止计数，显示"00"。

（5）故障设置：S_1 损坏。

故障现象：不能清零。

项目七 定时器电路

一、项目任务与要求

1. 项目任务

某企业承接了一批定时器的组装与调试任务，请按照相应的企业生产标准完成该产品的组装与调试，实现该产品的基本功能，满足相应的技术指标，并正确填写相关文件。

2. 项目要求

本套元件是按所需元件的 120% 配置，请准确清点和检查全套装配材料的数量和质量，进行元器件的识别与检测，筛选确定元器件。印制电路板组件符合《印制板组件可接受性标准》(IPC-A-610D)的二级产品等级可接受条件。装配完成后，利用相关的仪表对电路进行通电测试，并记录测试数据。

二、电路结构

定时器电路如图 3.7.1 所示，电路由五部分组成：555 定时器和 R_1、R_2、C_1、C_2、R_3、LED 构成的多谐振荡器；CD4518、R_6、R_7 组成的两位十进制计数电路；CD4511 4 线 −7 线译码器；R_4、R_5 及数码管 SM4205 组成的共阴极显示电路；两个与非门组成的定时控制电路。

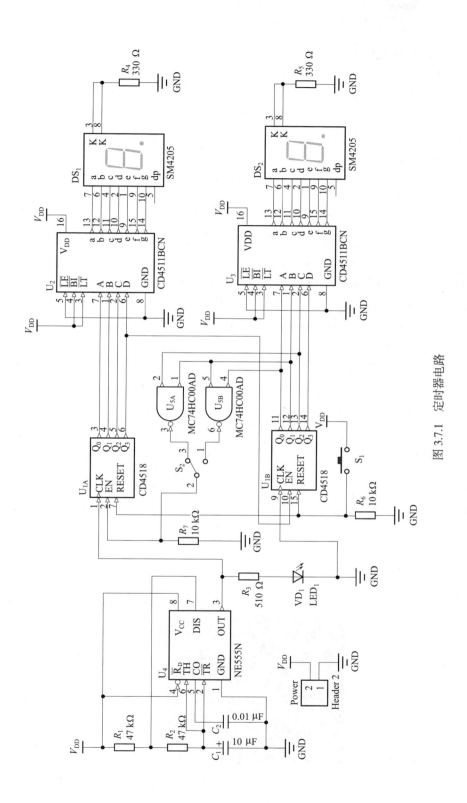

图 3.7.1 定时器电路

三、工作原理

1. 集成元件介绍

（1）CD4518：双十进制同步计数器。

CD4518 是双十进制同步加法计数器，引脚排列如图 3.7.2 所示。其中，CLK 为时钟输入端；EN 为使能端；RESET 为清零端，高电平的控制有效；$Q_0 \sim Q_3$ 为计数输出端（按 8421BCD 码计数规律）；V_{DD} 为电源端；V_{SS} 为接地端。

CD4518 为双脉冲控制输入，当上升沿触发时，时钟 CP 从 CLK 输入，此时 EN 为使能端，EN 高电平时控制有效。当下降沿触发时，时钟 CP 从 EN 输入，此时 CLK 作使能端使用，CLK 低电平时控制有效。

（2）CD4511：4 线 –7 线译码器。

CD4511 是 4 线 –7 线显示译码器，引脚排列如图 3.7.3 所示。该译码器具有较大的输出电流驱动能力，可直接驱动半导体显示器。图中 A_3、A_2、A_1、A_0 为 8421BCD 码输入端，$Y_a \sim Y_g$ 为输出端，输出高电平有效，用以驱动共阴极显示器。

其中，$\overline{LE}$ 为数据锁存控制端（$\overline{LE}$ =0 时，输出数据，$\overline{LE}$ =1 时，锁存数据）；$\overline{BI}$ 为消隐端（$\overline{BI}$ =0 时消隐）；LT 为试灯端。

（3）七段显示器：SM4205。

SM4205 是共阴极七段数码管，其引脚关系如图 3.7.4 所示。

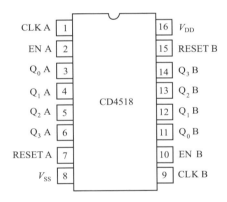

图 3.7.2　CD4518 引脚排列

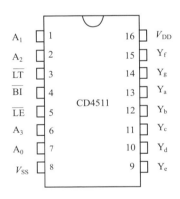

图 3.7.3　CD4511 引脚排列

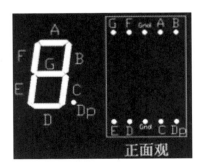

图 3.7.4　SM4205 引脚图

（4）555 定时器。

555 定时器的引脚排列如图 3.7.5 所示，根据 TH 和 $\overline{TR}$ 两个输入端与输出端 u_O 的对应关系，555 定时器的功能可归纳为"两高出低、两低出高，中间保持；放电管 VT 的状态与输出相反"。使用时注意，TH 电平高低是与 $\frac{2}{3}V_{CC}$ 相比较，$\overline{TR}$ 电平高低是与 $\frac{1}{3}V_{CC}$ 相比较。

（5）74LS00：二输入端与非门。

74LS00 由 4 个二输入端的与非门构成，GND、V_{CC} 分别为接地端和电源端，引脚排列如图 3.7.6 所示。

与非门的功能特点是：有 0 出 1、全 1 出 0。

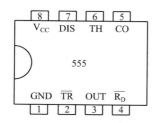

图 3.7.5　555 定时器的引脚排列

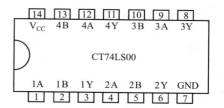

图 3.7.6　CT74LS00 引脚排列

2. 工作原理

（1）多谐振荡电路。

由 555 定时器、R_1、R_2、C_1、C_2 构成多谐振荡器，产生计数脉冲。其产生的脉冲周期为

$$T = 0.7(R_1 + 2R_2) \cdot C_1 = 1 \text{ s}$$

（2）计数译码及显示。

由 CD4518 构成两位十进制加法计数器，个位计数器时钟由 CLK 输入，此时 EN 为使能端，上升沿触发有效。十位计数 CLK 作使能端，时钟由 EN 输入，下降沿触发有效。个位 Q_3 接十位的 EN，个位每 10 个脉冲，Q_3 产生一个下降沿，十位触发计数一次，达到逢十进一的目的。最后将计数的结果译码并显示出来。

（3）定时控制。

由两个与非门构成定时控制电路。开关置于 30 s 位置时，当计数器十位的 Q_1Q_0 都为高电平 1 时，与非门输出 0（全 1 出 0），此时，个位 EN=0，使能端无效，计数器停止计数；否则正常计数。开关置于 60 s 位置时，当计数器十位的 Q_1Q_0 都为 1 时，与非门输出 0（全 1 出 0），此时，个位 EN=0，使能端无效，计数器停止计数。上述过程分别实现 30 s 和 60 s 定时控制的目的。

在图 3.7.1 中，按下开关 S_1，计数器清零端有效，电路清零。

四、电路测试

1. 元器件识别

（1）色环电阻的识别。

① 四环电阻：前两位为有效值，第三位为倍率，最后一位为允许误差。
② 五环电阻：前三位为有效值，第四位为倍率，最后一位为允许误差。
（2）电容的识别。
① 直标法，如 47 μF/50 V（一般短脚或黑块为负极）。
② 文字符号法：前两位表示数字，后一位表示倍率（默认单位为 pF），如 103=10×10^3 pF=0.01 μF。

2. 元器件测试

元器件测试如图 3.7.1 所示。

表 3.7.1 元器件测试

元器件	识别及检测内容	
电阻器	色环或数码	标称值（含允许误差）
	色环电阻：蓝、灰、黑、棕、棕	6800 Ω，±1%
发光二极管	所用仪表	数字表√　指针表□
	万用表读数（含单位）	正测　导通，LED 亮
		反测　截止，LED 灭
NE555 集成块	所用仪器	数字表√　指针表□
	（1）在右框中画出 NE555 集成块的外形图，且标出引脚顺序及名称； （2）列表测量出 NE555 集成块的电源脚、输出脚对接地脚的电阻值	8 V_{CC}　7 DIS　6 TH　5 CO 555 1 GND　2 $\overline{TR}$　3 OUT　4 $\overline{R_D}$

发光二极管测试如下。

正测：导通，LED 灯亮，此时与数字式万用表红表笔相接的是二极管的正极。

反测：截止，LED 灯灭，此时与数字式万用表红表笔相接的是二极管的负极。

3. 电路测试

电路测试如表 3.7.2 所示。

表 3.7.2 CD4518 集成块的 10 脚电压值

芯片引脚	电压值/V
10 脚	当显示为 0~7 时，输出为低电平 显示为 8~9 时，输出为高电平

4. 电路实物调试

电路实物调试图如图 3.7.7 所示。

定时器
（演示视频）

图 3.7.7　电路实物调试图

五、工艺文件

1. 元件清单

元件清单如表 3.7.3 所示。

2. 工具设备清单

工具设备清单如表 3.7.4 所示。

表 3.7.3　元件清单

序号	元件编号	元件名称	型号/规格	数量	备注
1	R_1、R_2	电阻	47 kΩ	2	
2	R_3	电阻	510 Ω	1	
3	R_6、R_7	电阻	10 kΩ	2	
4	R_4、R_5	电阻	330 Ω	2	
5	C_1	电容	10 μF	1	
6	C_2	电容	0.01 μF	1	
7	U_4	集成块	NE555	1	
8	U_1	集成块	CD4518	1	
9	U_2	集成块	CD4511	2	
10	U_5	集成块	74LS00	1	
11	DS_1、DS_2	数码管	SM4205	2	
12	LED_1	发光二极管	草帽灯珠 5 mm	1	
13	S_1、S_2	排针	自定	5	

表 3.7.4 工具设备清单

序号	名称	型号/规格	数量	备注
1	万用表	UT51	1	
2	直流稳压电源	WD-5	1	+5 V
3	示波器	GDS-1062A	1	
4	电烙铁	701	1	
5	烙铁架	电木座	1	
6	尖嘴钳	6寸	1	
7	斜口钳	6寸	1	
8	镊子	自定	1	
9	焊锡丝	SZL-X00G	自定	
10	松香	自定	自定	
11	杜邦线		自定	

定时器电路
PCB 板图

3. 产品实物图（作品展）

各元件在实际线路中分布的具体位置及各器件端子构成的图叫布线图，如元件实际样子表示的又叫实体图。产品实物图如图 3.7.8 所示。

 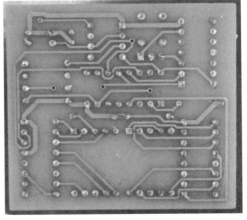

图 3.7.8 产品实物图

4. 电路装调步骤

1）装配步骤

（1）检测待装元件的数量、好坏、极性及集成块元件的引脚排列。

（2）元件成型和插件，插件顺序为先低后高、先小后大、先轻后重、先分立后集成。

（3）调整、固定元件位置，安装时将元件标记部位朝上，读数从左向右，便于识别。同时注意印制板与元件之间的距离。

（4）焊接、剪切引线、清洗等。

2）调试步骤

（1）通电前检查电源极性及有无短路情况。

（2）确定测试点的位置及输入输出信号点。

（3）通电分单元进行动态和静态调试，然后进行整机性能测试和调整。

（4）如出现故障，按原理先检测公共电路，再逐级进行排查。

六、故障点分析

为加深对电子产品电路原理的理解，特设置了以下几个故障点，通过观察每个故障设置对应的故障现象，提高电子技术工作人员分析和解决问题的综合能力，培养维修典型电子产品故障的专业技能。

（1）故障设置：R_1 损坏。

故障现象：555 无脉冲输出，计数器不计数。

（2）故障设置：R_2 损坏。

故障现象：555 无脉冲输出，计数器不计数。

（3）故障设置：R_3 损坏。

故障现象：正常计数显示，LED 不闪烁。

（4）故障设置：R_6 损坏。

故障现象：一直清零，不计数。

（5）故障设置：R_5 损坏。

故障现象：十位显示器不亮，因为 LED 无回路。

项目八 简易测频仪

一、项目任务与要求

1. 项目任务

某企业承接了一批简易测频仪的组装与调试任务，请按照相应的企业生产标准完成该产品的组装与调试，实现该产品的基本功能，满足相应的技术指标，并正确填写相关文件。

2. 项目要求

本套元件是按所需元件的 120% 配置，请准确清点和检查全套装配材料的数量和质量，进行元器件的识别与检测，筛选确定元器件。印制电路板组件符合《印制板组件可接受性标准》（IPC-A-610D）的二级产品等级可接受条件。装配完成后，利用相关的仪表对电路进行通电测试，并记录测试数据。

二、电路结构

简易测频仪电路如图 3.8.1 所示，电路由四部分组成：555 定时器和 R_1、R_2、R_{P1}、C_1、

R_4、R_5、C_4、VD_1、S_1 构成的单稳态触发器;R_3、LED_1 构成的单稳态输出指示电路;CC40110 计数译码一体的集成电路;R_6、C_3 组成的微分电路,可对计数器进行清零控制;七段数码管和 R_7、R_8 组成的共阴极显示电路;与非门组成的测试控制电路。

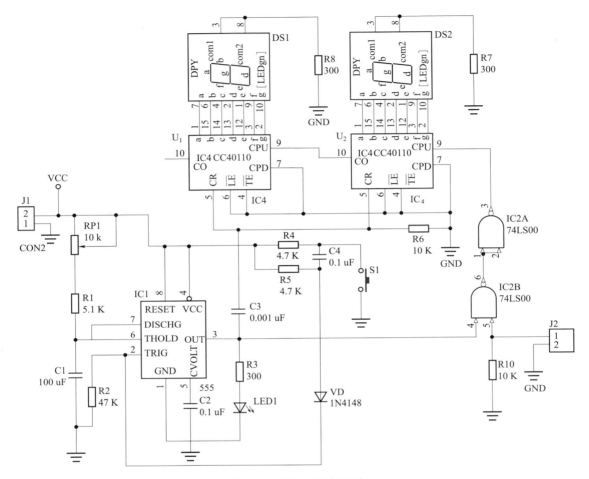

图 3.8.1 简易测频仪电路

简易测频仪 – 微课视频

三、工作原理

1. 集成元件介绍

(1) CC40110:计数译码器。

CD40110 为十进制可逆计数器 / 锁存器 / 译码器 / 驱动器,具有加减计数,计数器状态锁存,七段显示译码输出等功能。CC40110 是计数译码一体的可逆计数器,引脚排列如图 3.8.2 所示。其中,$\overline{TE}$ 为计数控制端,$\overline{TE}=1$ 时,保持;$\overline{TE}=0$ 时,计数。$\overline{LE}$ 为计数显示控制端,$\overline{LE}=0$ 时,随计数显示;$\overline{LE}=1$ 时,正常计数,但显示不随计数变化。CP_U 为加法脉冲输入端;CP_D 为减法脉冲输入端;CR 为清零端,高电平控制有效;BO 为借位输出端;CO 为进位输出端;a~g 为七段译码输出端。

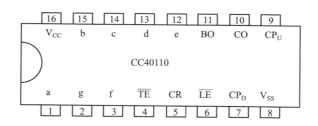

图 3.8.2　CC40110 引脚排列

（2）555 定时器。

555 定时器的引脚分布如图 3.8.3 所示，根据 TH 和 $\overline{TR}$ 两个输入端与输出端 u_O 的对应关系，555 定时器的功能可归纳为："两高出低，两低出高，中间保持；放电管 VT 的状态与输出相反"。使用时注意：TH 电平高低是与 $\frac{2}{3}V_{CC}$ 相比较，$\overline{TR}$ 电平高低是与 $\frac{1}{3}V_{CC}$ 相比较。

（3）74LS00：二输入端与非门。

74LS00 由 4 个二输入端的与非门构成，GND、V_{CC} 分别为接地端和电源端，引脚排列如图 3.8.4 所示。

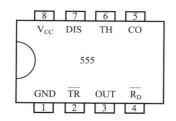

图 3.8.3　555 定时器的引脚分布

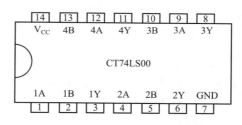

图 3.8.4　CT74LS00 引脚排列

与非门的功能特点是有 0 出 1、全 1 出 0。

（4）七段显示器：SM4205。

SM4205 是共阴极七段数码管，其引脚关系如图 3.8.5 所示。

2. 工作原理

（1）单稳态触发器。

首先回顾一下由 555 定时器构成的单稳态触发器的电路结构及工作原理，如图 3.8.6 所示。

电路通电后，在没有触发信号时，无论电路原来的状态如何，最终电路只有一种稳定状态 $u_O=0$，且此时 $u_C=0$。

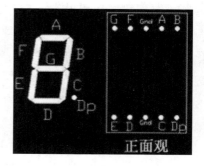

图 3.8.5　SM4205 引脚图

当输入端 u_I 施加负跃变的触发信号（$u_I<\frac{V_{CC}}{3}$）时，由于稳态时 $u_C\approx 0$，此时两个输入端 TH 和 $\overline{TR}$ 均为低电平，根据 555 定时器的功能"两低出高"，$u_O=1$，同时，放电管 VT 截止，电源 V_{CC} 经电阻 R 对电容 C 进行充电，充电时间常数 $\tau=RC$，电路进入暂稳态。

79

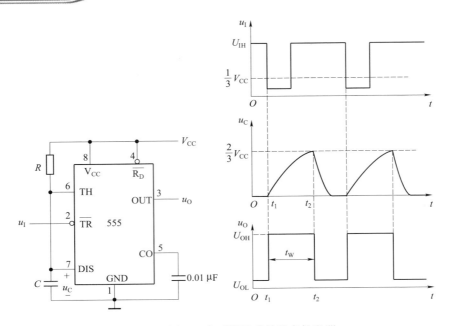

图 3.8.6　用 555 定时器组成单稳态触发器

随着 C 的充电，u_C 按指数规律上升，在此期间，输入端 u_1 回到高电平（$u_1 > \dfrac{V_{CC}}{3}$）。当 u_C 上升到 $\dfrac{2}{3}V_{CC}$ 时，根据"两高出低"，$u_O=0$，同时，放电管 VT 导通，电容通过放电管 VT 迅速放电，使 $u_C \approx 0$，u_O 保持低电平不变。电路返回到稳定状态。

根据 RC 电路过渡过程的时间间隔公式，脉冲宽度 t_W 计算式为

$$t_W = t_2 - t_1 = RC\ln\dfrac{V_{CC}-0}{V_{CC}-\dfrac{2V_{CC}}{3}} = RC\ln 3 \approx 1.1RC$$

本项目电路结构中，555 定时器和 R_1、R_2、R_{P1}、C_1、R_4、R_5、C_4、VD_1 构成单稳态触发器，S_1 为触发开关，R_4、C_4、S_1 组成简易防抖电路。

根据上述单稳态触发器的工作原理，脉冲宽度为

$$t_W = 1.1(R_{P1}+R_1) \cdot C_1$$

调节 R_{P1} 使计数时间为 $t_W = 1$ s。

R_6、C_3 组成微分电路，利用触发瞬间产生的正向尖峰脉冲（时间很短）控制计数器的清零端（CR 高电平有效），将上一轮数据清零，使计数器从 0 开始计数。具体波形如图 3.8.7 所示。

（2）频率测试。

按下 S_1 键，555 定时器输出高电平，调节

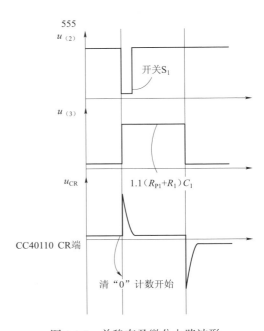

图 3.8.7　单稳态及微分电路波形

R_{P1} 使 555 定时器输出时间为标准 1 s，LED_1 指示灯持续点亮 1 s，同时通过 R_6、C_3 微分电路将上一轮测试数据清零。在两个与非门电路的控制作用下，被测信号送往计数器的时钟端，计数器在 1 s 时间内开始计数，计数结果经七段显示器显示出被测信号的频率。

四、电路测试

1. 元器件识别

（1）色环电阻的识别。

① 四环电阻：前两位为有效值，第三位为倍率，最后一位为允许误差。

② 五环电阻：前三位为有效值，第四位为倍率，最后一位为允许误差。

（2）电容的识别。

① 直标法，如 47 μF/50 V（一般短脚或黑块为负极）。

② 文字符号法：前两位表示数字，后一位表示倍率（默认单位为 pF），如 $103=10×10^3$ pF=0.01 μF。

2. 元器件测试

元器件测试如表 3.8.1 所示。

表 3.8.1　元器件测试

元器件	识别及检测内容		标称值	
电阻器	色环或数码		标称值	
	黄、紫、黑、棕、棕（五环电阻）		4.7 kΩ，±1%	
电容	104		0.1 μF	
发光二极管	所用仪表		数字表	
	万用表读数（含单位）		正测	亮，电阻小
			反测	灭，电阻大
NE555 集成块	所用仪表		数字表	
	（1）在右框中画出 NE555 集成块的外形图，且标出引脚顺序及名称； （2）列表测量出 NE555 集成块的电源脚、输出脚对接地脚的电阻值		1 GND　V_{CC} 8 2 触发　放电 7 3 OUT　门限 6 4 复位　控制电压 5	

3. 电路测试

装配完成后，调节电位器，利用提供的仪表校准本测频仪，要求全量程误差低于 ±5%，并填写表 3.8.2。

调节 R_{P1}，使 t_W=1 s，提高测试精度。

电路实物调试图如图 3.8.8 所示。

测频率
（演示视频）

表 3.8.2 电路测试

序号	信号源输出频率 /Hz	测频仪测量值 /Hz
1	10	10
2	50	50
3	100	00
4	500	00
5	980	80

图 3.8.8 电路实物调试图

五、工艺文件

1. 元件清单

元件清单如表 3.8.3 所示。

表 3.8.3 元件清单

序号	元件编号	元件名称	型号 / 规格	数量	备注
1	R_1	电阻	5.1 kΩ	1	
2	R_2	电阻	47 kΩ	1	
3	R_3、R_7、R_8	电阻	300 Ω	3	
4	R_4、R_5	电阻	4.7 kΩ	2	
5	R_6、R_{10}	电阻	10 kΩ	2	
6	R_{P1}	电位器	10 kΩ	1	
7	C_1	电容	100 μF/50 V	1	
8	C_2、C_4	电容	104	2	
9	C_3	电容	102	1	
10	LED_1	发光二极管	草帽灯珠 5 mm	1	

续表

序号	元件编号	元件名称	型号/规格	数量	备注
11	VD_1	二极管	1N4148	1	
12	DS_1、DS_2	数码管	SM4205	2	
13	S_1	微动开关	6×6×5 直插式	1	
14	IC_1	集成块	NE555	1	
15	IC_2	集成块	74LS00	1	
16	IC_3、IC_4	集成块	CD40110	2	
17	J_1、J_2	排针	自定	2	
18	—	管座	16 脚	2	
19	—	管座	14 脚	1	
20	—	管座	8 脚	1	

2. 工具设备清单

工具设备清单如表 3.8.4 所示。

表 3.8.4 工具设备清单

序号	名称	型号/规格	数量	备注
1	万用表	UT51	1	
2	直流稳压电源	WD-5	1	+5 V
3	信号发生器	SFG-1006	1	
4	示波器	GDS-1062A	1	
5	电烙铁	701	1	
6	烙铁架	电木座	1	
7	尖嘴钳	6 寸	1	
8	斜口钳	6 寸	1	
9	镊子	自定	1	
10	焊锡丝	SZL-X00G	自定	
11	松香	自定	自定	
12	杜邦线		自定	

3. 产品实物图（作品展）

各元件在实际线路中分布的具体位置及各器件端子构成的图叫布线图，如元件实际样子表示的又叫实体图。产品实物图如图 3.8.9 所示。

4. 电路装调步骤

1）装配步骤

（1）检测待装元件的数量、好坏、极性及集成块元件的引脚排列。

简易测评仪
PCB 板图

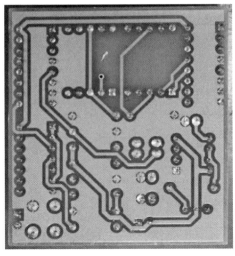

图 3.8.9　产品实物图

（2）元件成型和插件，插件顺序为先低后高、先小后大、先轻后重、先分立后集成。

（3）调整、固定元件位置，安装时将元件标记部位朝上，读数从左向右，便于识别。同时注意印制板与元件之间的距离。

（4）焊接、剪切引线、清洗等。

2）调试步骤

（1）通电前检查电源极性及有无短路情况。

（2）确定测试点的位置及输入输出信号点。

（3）通电分单元进行动态和静态调试，然后进行整机性能测试和调整。

（4）如出现故障，按原理先检测公共电路，再逐级进行排查。

六、故障点分析

为加深对电子产品电路原理的理解，特设置了以下几个故障点，通过观察每个故障设置对应的故障现象，提高电子技术工作人员分析和解决问题的综合能力，培养维修典型电子产品故障的专业技能。

（1）故障设置：R_7 或 R_8 损坏一个。

故障现象：对应的七段数码管不能被点亮，因为没有回路。

（2）故障设置：R_1 损坏。

故障现象：计数器会一直计数，因 555 定时器输入端电容无充电路径，$U_C=0$，555 定时器持续高电平输出，故计数结果不准确。

（3）故障设置：R_2 损坏。

故障现象：555 定时器输入端无法进行触发，计数器不计数，而且不能清零。

（4）故障设置：R_3 损坏。

故障现象：正常显示测试结果，但测试指示灯不亮。

（5）故障设置：R_6 损坏。

故障现象：不能计数，CR 清零，单稳态电路正常工作，555 定时器输出端的 LED_1 指示正常。

项目九　数显逻辑笔

一、项目任务与要求

1. 项目任务

某企业承接了一批数显逻辑笔的组装与调试任务，请按照相应的企业生产标准完成该产品的组装与调试，实现该产品的基本功能，满足相应的技术指标，并正确填写相关文件。

2. 项目要求

本套元件是按所需元件的 120% 配置，请准确清点和检查全套装配材料的数量和质量，进行元器件的识别与检测，筛选确定元器件。印制电路板组件符合《印制板组件可接受性标准》（IPC-A-610D）的二级产品等级可接受条件。装配完成后，利用相关的仪表对电路进行通电测试，并记录测试数据。

二、电路结构

数显逻辑笔电路如图 3.9.1 所示，电路由三部分组成：VT_1、R_2、R_3、R_4、R_6、C_1、VD_1、R_1、C_3 构成的控制电路；CD4511 4线-7线译码器；VD_2、R_5、R_7、VT_2 和七段数码管 SM4205 组成的显示电路。C_2 为电源滤波电容。

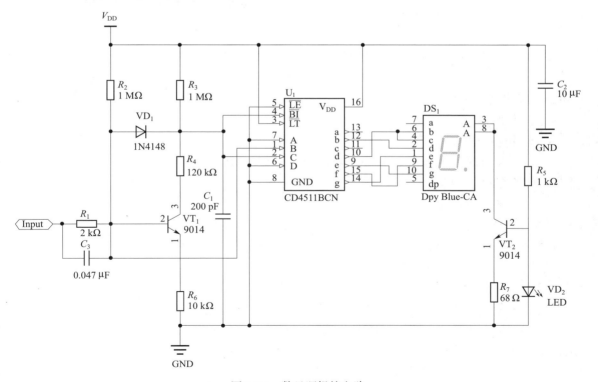

图 3.9.1　数显逻辑笔电路

三、工作原理

1. 元器件介绍

（1）CD4511：4-线-7线译码器。

CD4511 是 4 线-7 段显示译码器，引脚排列如图 3.9.2 所示。A_3、A_2、A_1、A_0 为 8421BCD 码输入端，$Y_a \sim Y_g$ 为输出端，输出高电平有效，用以驱动共阴极显示器。

其中，$\overline{LE}$ 为数据锁存控制端（$\overline{LE}=0$ 时，输出数据；$\overline{LE}=1$ 时，锁存数据）；$\overline{BI}$ 为消隐端（$\overline{BI}=0$ 时，消隐）；$\overline{LT}$ 为试灯端。

（2）七段数码管显示器：SM4205。

SM4205 是共阴极七段数码管，其引脚关系如图 3.9.3 所示。

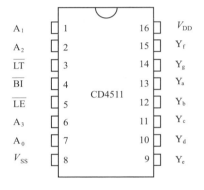

图 3.9.2 CD4511 引脚排列

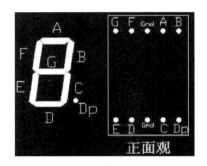

图 3.9.3 SM4205 引脚图

（3）SS9014：NPN 型小功率三极管（图 3.9.4）。

SS9014 为 NPN 型小功率三极管。其中，1 脚为发射极；2 脚为基极；3 脚为集电极。

2. 工作原理

（1）无电压输入时。

三极管 VT_1 饱和导通，译码器 CD4511 的消隐端 $\overline{BI}=0$（为有效电平），电路处于消隐状态，数码管不显示。

（2）当输入为高电平时。

图 3.9.4 NPN 型三极管

输入信号通过加速电路 R_1、C_3，使译码器 CD4511 的输入端 B、C 同时为 1，故译码器输入的 8421BCD 码为 DCBA=0110，通过译码器与七段显示器的特殊错位连接，显示器显示字形 H。

（3）当输入为低电平时。

输入信号通过加速电路 R_1、C_3，使译码器 CD4511 的输入端 B=0，此时 VT_1 截止，输入端 C=1，故译码器输入的 8421BCD 码为 DCBA=0100，通过译码器与七段显示器的错位连接，显示器显示字形 L。

四、电路测试

1. 元器件识别

（1）色环电阻的识别。

① 四环电阻：前两位为有效值，第三位为倍率，最后一位为允许误差。

② 五环电阻：前三位为有效值，第四位为倍率，最后一位为允许误差。

（2）电容的识别。

① 直标法，如 47 μF/50 V（一般短脚或黑块为负极）。

② 文字符号法：前两位表示数字，后一位表示倍率（默认单位为 pF），如 $\underline{103}=10 \times 10^3$ pF=0.01 μF。

2. 元器件测试

元器件测试如表 3.9.1 所示。

表 3.9.1 元器件测试

元器件	识别及检测内容		
电阻器	色环或数码	标称值（含允许误差）	
	色环电阻：红、白、黑、棕、棕	2.9 kΩ，±1%	
发光二极管	所用仪表	数字表	
	万用表读数（含单位）	正测	导通，LED 亮
		反测	截止，LED 灭
数码管	所用仪表	数字表	
	标出数码管的引脚（在右框中画出数码的外形图，且标出各引脚对应的数码）	$\begin{array}{c}\overline{a}\\f\overline{|g|}b\\e\overline{|\ |}c\\\overline{d}\end{array}$	

3. 电路测试

装配完成后通电测试输入端在不同状态下集成电路 CD4511 的 1、2、4、6、7 脚的电位，如表 3.9.2 所示。

表 3.9.2 CD4511 引脚电压测试

引脚	名称	挡位	输入开路	输入 5 V	输入 0 V
1	B	−V/20 V	0.62 V	4.26 V	0.01 V
2	C	−V/20 V	0.53 V	3.93 V	4.26 V
4	$\overline{BI}$	−V/20 V	0.53 V	3.94 V	4.54 V
6	D	−V/200 mV	0.4 mV	1.8 mV	2.1 mV
7	A	−V/200 mV	0.4 mV	1.8 mV	3.2 mV

4. 电路实物调试

电路实物调试图如图 3.9.5 所示。

数显逻辑笔
（演示视频）

图 3.9.5　电路实物调试图

五、工艺文件

1. 元件清单

元件清单如表 3.9.3 所示。

表 3.9.3　元件清单

序号	元件编号	原件名称	型号	参数	数量
1	R_2、R_3	电阻		1 MΩ	2
2	R_4	电阻		120 kΩ	1
3	R_7	电阻		68 Ω	1
4	R_6	电阻		10 kΩ	1
5	R_1	电阻		2 kΩ	1
6	R_5	电阻		1 kΩ	1
7	C_3	电容		0.047 μF	1
8	C_1	电容		200 pF	1
9	C_2	电容		10 μF	1
10	VD_1	二极管	1N4148		1
11	VD_2	发光二极管			1
12	VT_1	三极管	9014		1
13	VT_2	三极管	9014		1
14	DS_1	共阴极数码管	SM4205		1
15	U_1	译码器	CD4511		1
16	J		排针		2
17			底座	16 引脚	1

2. 工具设备清单

工具设备清单如表 3.9.4 所示。

表 3.9.4 工具设备清单

序号	名称	型号/规格	数量	备注
1	万用表	UT51	1	
2	直流稳压电源	WD-5	1	+5 V
3	信号发生器	SFG-1006	1	
4	电烙铁	701	1	
5	烙铁架	电木座	1	
6	尖嘴钳	6寸	1	
7	斜口钳	6寸	1	
8	镊子	自定	1	
9	焊锡丝	SZL-X00G	自定	
10	松香	自定	自定	
11	杜邦线		自定	

3. 产品实物图（作品展）

各元件在实际线路中分布的具体位置及各器件端子构成的图叫布线图，如元件实际样子表示的又叫实体图。产品实物图如图 3.9.6 所示。

数显逻辑笔
PCB 板图

4. 电路装调步骤

1）装配步骤

（1）检测待装元件的数量、好坏、极性及集成块元件的引脚排列。

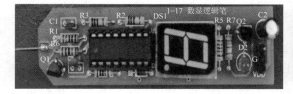 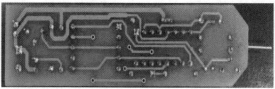

图 3.9.6 产品实物图

（2）元件成型和插件，插件顺序为先低后高、先小后大、先轻后重、先分立后集成。

（3）调整、固定元件位置，安装时将元件标记部位朝上，读数从左向右，便于识别。同时注意印制板与元件之间的距离。

（4）焊接、剪切引线、清洗等。

2）调试步骤

（1）通电前检查电源极性及有无短路情况。

（2）确定测试点的位置及输入输出信号点。

（3）通电分单元进行动态和静态调试，然后进行整机性能测试和调整。

（4）如出现故障，按原理先检测公共电路，再逐级进行排查。

六、故障点分析

为加深对电子产品电路原理的理解，特设置了以下几个故障点，通过观察每个故障设置对应的故障现象，提高电子技术工作人员分析和解决问题的综合能力，培养维修典型电子产品故障的专业技能。

（1）故障设置：R_6 损坏。

故障现象：无输入时不消隐显示 H。

（2）故障设置：R_7 损坏。

故障现象：LED 灯亮，数码管不亮（因为无共阴极回路）。

（3）故障设置：R_5 损坏。

故障现象：LED 灯不亮，数码管不亮。

（4）故障设置：VT_1 损坏。

故障现象：无输入时不消隐显示 H。

（5）故障设置：LED 灯损坏。

故障现象：LED 灯不亮，数码管正常显示。

项目十 双路防盗报警器

一、项目任务与要求

1. 项目任务

某企业承接了一批双路防盗报警器的组装与调试任务，请按照相应的企业生产标准完成该产品的组装与调试，实现该产品的基本功能，满足相应的技术指标，并正确填写相关文件。

2. 项目要求

本套元件是按所需元件的 120% 配置，请准确清点和检查全套装配材料的数量和质量，进行元器件的识别与检测，筛选确定元器件。印制电路板组件符合《印制板组件可接受性标准》（IPC-A-610D）的二级产品等级可接受条件。装配完成后，利用相关的仪表对电路进行通电测试，并记录测试数据。

二、电路结构

双路防盗报警器电路如图 3.10.1 所示，电路由三部分组成：第 1 个 555 定时器和 R_1、R_2、C_1、C_2 构成的多谐振荡器，控制 LED_1、LED_2；第 2 个 555 定时器和 R_5、R_6、C_3、R_7 构成的多谐振荡器，控制扬声器；K_1、K_2、两个与非门组成的双路防盗控制电路；R_9、R_{11}、C_4 组成的延时电路。

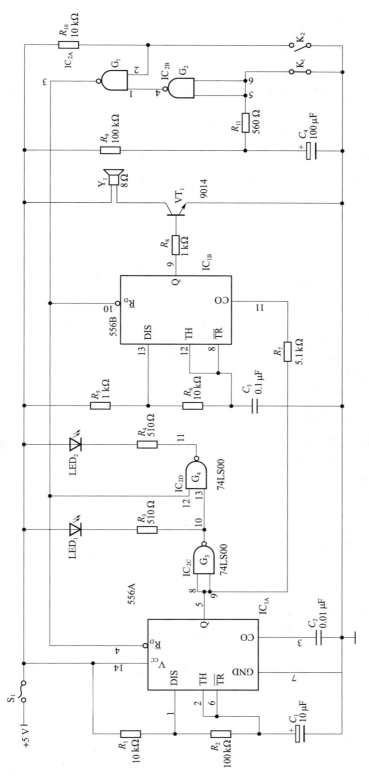

图 3.10.1 双路防盗报警器电路

双路防盗报警器-微课视频

三、工作原理

1. 元器件介绍

（1）NE556定时器：双定时器。

NE556定时器内部由两个555定时器构成，引脚分布如图3.10.2所示。根据TH和$\overline{\text{TR}}$两个输入端与输出端u_o的对应关系，555定时器的功能可归纳为"两高出低，两低出高，中间保持；放电管VT的状态与输出相反"。

（2）74LS00：二输入端与非门。

74LS00由4个二输入端的与非门构成，GND、V_{CC}分别为接地端和电源端，引脚排列如图3.10.3所示。

图3.10.2 NE556引脚排列

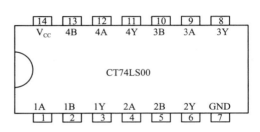

图3.10.3 CT74LS00引脚排列

（3）SS9014：NPN型小功率三极管。

SS9014为NPN型小功率三极管，引脚分布图如图3.10.4所示，1脚为发射极，2脚为基极，3脚为集电极。

与非门的功能特点是：有0出1、全1出0。

2. 工作原理

（1）多谐振荡器。

由556A构成多谐振荡器，输出一定频率的矩形脉冲，其周期计算公式为

图3.10.4 SS9014引脚分布图

$$T_1=0.7(R_1+2R_2) \cdot C_1$$

556B也构成多谐振荡器，产生周期为

$$T_2=0.7(R_5+2R_6) \cdot C_3$$

（2）当K_1常闭、K_2常开时。

根据与非门的功能，得G_2、G_1的输出分别为$Y_{G2}=1$，$Y_{G1}=0$。555定时器的清零端$\overline{R_D}=0$（有效），两个555的输出均为0，因此，与非门G_3、G_4的输出分别为$Y_{G3}=1$，$Y_{G4}=1$，LED_1、LED_2不亮，与此同时扬声器也不发声。

（3）当K_2由常开变为常闭时。

根据与非门的功能，得G_1输出分别为$Y_{G1}=1$。555定时器的清零端$\overline{R_D}$无效，两个555均构成多谐振荡器，产生脉冲。此时LED_1、LED_2交替闪烁，同时扬声器发声，进行声光报警提醒。

（4）当 K_1 由常闭变常开时。

经 R_{11}、C_4、R_9 构成的延时电路延时一段时间后（延时时间可通过前面学习的 RC 过渡过程时间间隔公式计算）以后，电容 C_4 上的电压充电至高电平，G_2 输入为 1，根据与非门的功能，G_2 输出 $Y_{G2}=0$，故 G_1 输出 $Y_{G1}=1$。555 定时器的清零端 $\overline{R_D}$ 无效，两个 555 均构成多谐振荡器，产生脉冲。此时 LED_1、LED_2 交替闪烁，扬声器发声，进行声光报警提醒。

报警时，在 R_7 的作用下，第 1 个 555 定时器输出高低电平脉冲时，改变第 2 个 555 定时器的基准电压 CO 的电压点，使第 2 个 555 产生的脉冲频率发生改变，扬声器发出高低音频交替（变频），效果类似于救护车"120"的音调。

变频原理如下：

当第 1 个 555 定时器输出 $u_{o1}=1$ 时，LED_1 亮、LED_2 灭，第 2 个 555 定时器的基准电压控制端 CO 的电压等于在双电源基础上 R_7 与内部 3 个 5 kΩ 串并联分压叠加的结果，比较点不是 $\frac{1}{3}V_{CC}$~$\frac{2}{3}V_{CC}$（通过计算为 2~4 V），可计算出 556B 的输出频率 f=500 Hz，此时的扬声器发出低音。当第 1 个 555 定时器输出 $u_{o1}=0$ 时，LED_1 灭 LED_2 亮，第 2 个 555 定时器的基准电压控制端 CO 的电压等于在单电源基础上 R_7 与内部 3 个 5 kΩ 串并联直接分压的结果，比较点也不是 $\frac{1}{3}V_{CC}$~$\frac{2}{3}V_{CC}$（通过计算为 1~2 V），经过计算 555B 的输出频率 f=1 670 Hz，此时的扬声器发出高音。

四、电路测试

1. 元器件识别

（1）色环电阻的识别。

① 四环电阻：前两位为有效值，第三位为倍率，最后一位为允许误差。

② 五环电阻：前三位为有效值，第四位为倍率，最后一位为允许误差。

（2）电容的识别。

① 直标法，如 47 μF/50 V（一般短脚或黑块为负极）。

② 文字符号法：前两位表示数字，后一位表示倍率（默认单位为 pF），如 <u>103</u>=10×10^3 pF=0.01 μF。

2. 元器件测试

元器件测试如表 3.10.1 所示。

3. 电路测试

K_1 断开（或闭合）时，与非门输出电压的大小如表 3.10.2 所示。

表 3.10.1 元器件测试

元器件	识别及检测内容	
电阻器	色环或数码	标称值（含允许误差）
	色环电阻：蓝、灰、黑、棕、棕	6.8 kΩ，±1%
发光二极管	所用仪表	数字表 √　指针表 □
	万用表读数（含单位）	正测　亮，阻值小
		反测　灭，阻值很大

续表

元器件	识别及检测内容	
	所用仪表	数字表 √ 指针表 □
NE555 集成块	（1）在右框中画出 NE555 集成块的外形图，且标出引脚顺序及名称； （2）列表测量出 NE555 集成块的电源脚、输出脚对接地脚的电阻值	1 GND　　V_{CC} 8 2 触发　　放电 7 3 OUT　　门限 6 4 复位　　控制电压 5

表 3.10.2　K_1 断开（闭合）时与非门输出电压的大小

开关 K_1 的状态	IC_2（3 脚）/V	IC_2（4 脚）/V
闭合	1/2	0
断开	5	3.1~3.3

4. 电路实物调试

电路实物调试图如图 3.10.5 所示。

双路报警器
（演示视频）

图 3.10.5　电路实物调试图

五、工艺文件

1. 元件清单

元件清单如表 3.10.3 所示。

表 3.10.3　元件清单

序号	元件编号	原件名称	型号	参数	数量
1	R_1、R_6、R_{10}	电阻		10 kΩ	3
2	R_2、R_9	电阻		100 kΩ	2
3	R_3、R_4、R_{11}	电阻		510 Ω	3

续表

序号	元件编号	原件名称	型号	参数	数量
4	R_5、R_8	电阻		1 kΩ	2
5	R_7	电阻		5.1 kΩ	1
6	C_1	电容		10 μF/50 V	1
7	C_2	电容		0.01 μF	1
8	C_3	电容		0.1 μF	1
9	C_4	电容		100 μF/50 V	1
10	LED_1	红色发光二极管			1
11	LED_2	绿色发光二极管			1
12	VT_1	三极管	9014		1
13	IC_1	集成块	556		1
14	IC_2	集成块	74LS00		1
15	K_1、K_2	排针			2
16		底座		14引脚	2
17	Y_1	扬声器		8 Ω	1

2. 工具设备清单

工具设备清单如表 3.10.4 所示。

表 3.10.4 工具设备清单

序号	名称	型号/规格	数量	备注
1	万用表	UT51	1	
2	直流稳压电源	WD-5	1	+5 V
3	示波器	GDS-1062A	1	
4	电烙铁	701	1	
5	烙铁架	电木座	1	
6	尖嘴钳	6寸	1	
7	斜口钳	6寸	1	
8	镊子	自定	1	
9	焊锡丝	SZL-X00G	自定	
10	松香	自定	自定	
11	杜邦线		自定	

3. 产品实物图（作品展）

各元件在实际线路中分布的具体位置及各器件端子构成的图叫布线图，如元件实际样子表示的又叫实体图。产品实物图如图 3.10.6 所示。

双路防盗报警器 PCB 板图

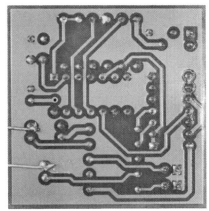

图 3.10.6　产品实物图

4. 电路装调步骤

1）装配步骤

（1）检测待装元件的数量、好坏、极性及集成块元件的引脚排列。

（2）元件成型和插件，插件顺序为先低后高、先小后大、先轻后重、先分立后集成。

（3）调整、固定元件位置，安装时将元件标记部位朝上，读数从左向右，便于识别。同时注意印制板与元件之间的距离。

（4）焊接、剪切引线、清洗等。

2）调试步骤

（1）通电前检查电源极性及有无短路情况。

（2）确定测试点的位置及输入输出信号点。

（3）通电分单元进行动态和静态调试，然后进行整机性能测试和调整。

（4）如出现故障，按原理先检测公共电路，再逐级进行排查。

六、故障点分析

为加深对电子产品电路原理的理解，特设置了以下几个故障点，通过观察每个故障设置对应的故障现象，提高电子技术工作人员分析和解决问题的综合能力，培养维修典型电子产品故障的专业技能。

（1）故障设置：LED_1 或 LED_2 损坏。

故障现象：对应的灯不亮，其他部分电路均正常工作。

（2）故障设置：R_8 损坏。

故障现象：报警时 LED_1、LED_2 交替闪烁，但不报警。

（3）故障设置：R_1 损坏。

故障现象：第 1 个 555 的 $u_{C1}=0$，$u_0=1$，故 LED_1 灯常亮，LED_2 灯不亮。

（4）故障设置：R_2 损坏。

故障现象：其现象与 R_1 损坏的现象类似。

（5）故障设置：R_3 损坏。

故障现象：LED_1 不亮，LED_2 和扬声器均正常。

（6）故障设置：R_{11} 损坏。

故障现象：K_1 常闭变常开时报警，但无延时，K_2 无影响。

项目十一　电平指示器

一、项目任务与要求

1. 项目任务

某企业承接了一批电平指示器的组装与调试任务，请按照相应的企业生产标准完成该产品的组装与调试，实现该产品的基本功能，满足相应的技术指标，并正确填写相关文件。

2. 项目要求

本套元件是按所需元件的 120% 配置，请准确清点和检查全套装配材料的数量和质量，进行元器件的识别与检测，筛选确定元器件。印制电路板组件符合《印制板组件可接受性标准》（IPC-A-610D）的二级产品等级可接受条件。装配完成后，利用相关的仪表对电路进行通电测试，并记录测试数据。

二、电路结构

电平指示器电路如图 3.11.1 所示，电路由三部分组成：集成运放 LM358 和 R_{01}、R_{02}、R_{03}、R_{04}、R_{05}、R_P、C_1、C_2 构成的同相比例运算放大电路；由 NPN 型三极管 8050 和 C_3 组成的驱动电路；$VD_1 \sim VD_8$、$R_7 \sim R_{14}$、$LED_1 \sim LED_8$ 组成的电平指示电路。

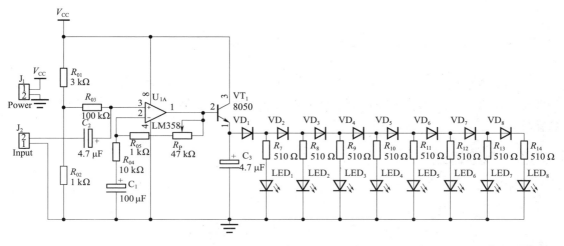

图 3.11.1　电平指示器电路

三、工作原理

1. 集成元件介绍

（1）LM358：集成运算放大器。

电平指示器-微课视频

LM358是双运算放大器。内部包括有两个独立的、高增益、内部频率补偿的运算放大器,适合于电源电压范围很宽的单电源使用,也适用于双电源工作模式,在推荐的工作条件下,电源电流与电源电压无关。它的使用范围包括传感放大器、直流增益模块和其他所有可用单电源供电的使用运算放大器的场合。LM358是带差动输入功能的双运算放大器,该元器件的引脚排列如图3.11.2所示。

(2)8050:NPN型三极管。

SS8050为NPN型小功率、开关型三极管。引脚排列如图3.11.3所示,1脚发为射极,2脚为基极,3脚为集电极。

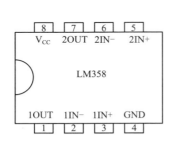   

图3.11.2　LM358引脚排列　　　图3.11.3　SS8050引脚排列

2. 工作原理

(1)同相比例放大器。

外加输入信号通过电容 C_2 耦合,经LM358集成运算放大器构成的同相比例电路放大后进行输出,根据集成运放的特点,推算输出信号与输入信号之间的关系为

$$u_o = \left(1 + \frac{R_{05}+R_P}{R_{04}}\right) \cdot u_i$$

实操中,输入信号的强弱可通过调节信号发生器输入信号的幅度改变。

(2)显示驱动。

同相比例放大的信号经三极管8050组成的射极输出器,根据输入信号强弱放大后驱动各发光二极管,将 $LED_1 \sim LED_8$ 逐级点亮。输入信号越强,放大倍数越高,点亮LED灯的个数就越多。

四、电路调试

1. 元器件识别

(1)色环电阻的识别。

① 四环电阻:前两位为有效值,第三位为倍率,最后一位为允许误差。

② 五环电阻:前三位为有效值,第四位为倍率,最后一位为允许误差。

(2)电容的识别。

① 直标法,如47 μF/50 V(一般短脚或黑块为负极)。

② 文字符号法:前两位表示数字,后一位表示倍率(默认单位为pF),如 $\underline{103} = 10 \times 10^3$ pF = 0.01 μF。

2. 元器件测试

元器件测试如表 3.11.1 所示。

表 3.11.1　元器件测试

元器件	识别及检测内容	
电阻器两只	色环	标称值（含允许误差）
	橙黑黑棕棕（五环电阻）	3 kΩ，±1%
	棕黑棕棕（四环电阻）	100 Ω，±1%
LED	所用仪表	数字表
	万用表读数（含单位）	正测　导通，LED 亮
		反测　截止，LED 灭
二极管	万用表读数（含单位）	正测　导通，阻值小
		反测　截止，阻值大

3. 电路测试

装配完成后，通电测试，先不接入音频信号，进行静态测试；再接入音频信号，测试表 3.11.2 所示的各点动态幅值。

表 3.11.2　电路测试数据

测试点	静态测试（电位）/V	动态测试（幅值）/V
集成电路 IC 的 3 脚	2.12	0.21
集成电路 IC 的 2 脚	2.13	0.18
集成电路 IC 的 1 脚	2.16	1.91
三极管 VT 发射极	1.68	1.90

4. 电路实物调试

电路实物调试图如图 3.11.4 所示。

电平指示器
（演示视频）

图 3.11.4　电路实物调试图

五、工艺文件

1. 元件清单

元件清单如表3.11.3所示。

表3.11.3 元件清单

序号	元件编号	元件名称	型号	参数	数量
1	R_{01}	电阻		3 kΩ	1
2	R_{02}、R_{05}	电阻		1 kΩ	2
3	R_{03}	电阻		100 kΩ	1
4	R_{04}	电阻		10 kΩ	1
5	C_1	电容		100 μF	1
6	C_2、C_3	电容		4.7 μF	2
7	LED_1~LED_8	发光二极管			8
8	VD_1~VD_8	二极管	1N4007		8
9	R_7~R_{14}	电阻		500 Ω	8
10	U_1	集成块	LM358		1
11	VT_1	三极管	8050		1
12	R_P	电位器		47 kΩ	1
13	J_1、J_2	排针	自定		2
14		管座		8脚	1

2. 工具设备清单

工具设备清单如表3.11.4所示。

表3.11.4 工具设备清单

序号	名称	型号/规格	数量	备注
1	万用表	UT51	1	
2	直流稳压电源	WD-5	1	+9 V（+12 V）
3	信号发生器	SFG-1006	1	
4	示波器	GDS-1062A	1	
5	电烙铁	701	1	
6	烙铁架	电木座	1	
7	尖嘴钳	6寸	1	
8	斜口钳	6寸	1	
9	镊子		1	
10	焊锡丝	SZL-X00G	少许	
11	松香		少许	
12	螺丝刀		1	
13	杜邦线		少许	

3. 产品实物图（作品展）

各元件在实际线路中分布的具体位置及各器件端子构成的图叫布线图，如元件实际样子表示的又叫实体图。产品实物图如图 3.11.5 所示。

电平指示器
PCB 板图

4. 电路装调步骤

1）装配步骤

（1）检测待装元件的数量、好坏、极性及集成块元件的引脚排列。

 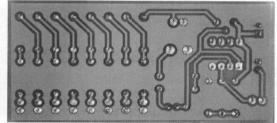

图 3.11.5　产品实物图

（2）元件成型和插件，插件顺序为先低后高、先小后大、先轻后重、先分立后集成。

（3）调整、固定元件位置，安装时将元件标记部位朝上，读数从左向右，便于识别。同时注意印制板与元件之间的距离。

（4）焊接、剪切引线、清洗等。

2）调试步骤

（1）通电前检查电源极性及有无短路情况。

（2）确定测试点的位置及输入输出信号点。

（3）通电分单元进行动态和静态调试，然后进行整机性能测试和调整。

（4）如出现故障，按原理先检测公共电路，再逐级进行排查。

六、故障点分析

为加深对电子产品电路原理的理解，特设置了以下几个故障点，通过观察每个故障设置对应的故障现象，提高电子技术工作人员分析和解决问题的综合能力，培养维修典型电子产品故障的专业技能。

（1）故障设置：VD_1~VD_8 中损坏一个。

故障现象：对应的 LED 灯不亮，同时因没有回路，后续电路中的 LED 不能被点亮。

（2）故障设置：LED_1~LED_8 中损坏一个。

故障现象：对应的 LED 灯不亮，但不影响后续电路中的 LED。

（3）故障设置：三极管 VT_1 损坏。

故障现象：所有的 LED 均不能被点亮。

（4）故障设置：R_{05} 损坏。

故障现象：所有的 LED 灯亮，放大倍数非常大，不可调节。

（5）故障设置：R_{04} 损坏。

故障现象:无放大能力,放大倍数 A_u=1,现象不明显,调 u_i= 幅值,依然可依次点亮 LED_1~LED_8。

项目十二 声光停电报警器

一、项目任务与要求

1. 项目任务

某企业承接了一批声光停电报警器的组装与调试任务,请按照相应的企业生产标准完成该产品的组装与调试,实现该产品的基本功能,满足相应的技术指标,并正确填写相关文件。

2. 项目要求

本套元件是按所需元件的 120% 配置,请准确清点和检查全套装配材料的数量和质量,进行元器件的识别与检测,筛选确定元器件。印制电路板组件符合《印制板组件可接受性标准》(IPC-A-610D)的二级产品等级可接受条件。装配完成后,利用相关的仪表对电路进行通电测试,记录测试数据。

二、电路结构

声光停电报警器电路如图 3.12.1 所示,电路由三部分组成:由 VD_1、R_1、LED_1、C_1 组成的电源电路,将交流电变成平滑的直流电;光耦合器 4N25、R_2、VT_1、VT_2、R_4、C_2、R_3 组成的正弦波振荡电路;发光二极管 LED_2 和扬声器组成的声光报警电路。

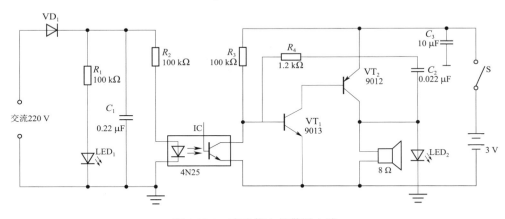

图 3.12.1 声光停电报警器电路

三、工作原理

1. 元件介绍

(1) 4N25:光耦合器。

4N25 为光耦合器件,内部由发光二极管和光电三极管构成,引脚排列如图 3.12.2 所示。其中,1 脚为发光二极管的阳极;2 脚为发光二极管的阴极;3 脚为悬空脚；4脚为光电三极管的发射极；5脚为光电三极管的集电极；6脚为光电三极管的基极。

（2）三极管：9012、9013。

9012为PNP型小功率三极管；9013为NPN型小功率三极管，引脚排列如图3.12.3所示。1脚为发射极，2脚为基极，3脚为集电极。

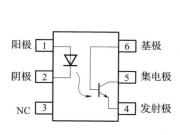

图3.12.2　4N25引脚排列

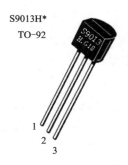

图3.12.3　9012/9013引脚排列

2．工作原理

（1）电源电路。

220 V的交流电经二极管VD_1半波整流，电容C_1进行滤波，将交流电变成较为平滑的直流电，给光耦合器4N25供电。其中，R_1和LED_1组成电源指示电路。

（2）正常供电时。

有电时光耦合器左边的发光二极管中有电流通过，正常发光，此时光耦合器右边的光电三极管接收光线而低阻导通，三极管VT_1的基极$V_{B1} \approx 0$ V，VT_1管截止，同时，VT_2管也随之截止，扬声器不发声，LED_2熄灭。

（3）停电时。

断电时光耦合器左边的发光二极管中无电流通过，不发光，此时光耦合器右边的光电三极管截止，三极管VT_1、VT_2导通，与C_2、R_4形成正反馈，构成RC正弦波振荡电路，振荡频率$f=\dfrac{1}{2\pi R_4 C_2}$，此时扬声器发声，$LED_2$灯亮，进行声光报警。

实际调试中，为安全起见，可将220 V的交流电变压成36 V再接入电路接VD_1，此时应将电容C_1的值改为1~10 μF，电路方能正常工作。

四、电路测试

1．元器件识别

电容的识别方法如下。

（1）直标法，如47 μF/50 V（一般短脚或黑块为负极）。

（2）文字符号法：前两位表示数字，后一位表示倍率（默认单位为pF），如 $\underline{103} = 10 \times 10^3$ pF=0.01 μF。

2．元器件测试

元器件测试如表3.12.1所示。

3．电路测试

装配完成后，通电测试，如表3.12.2所示。

表 3.12.1 元器件测试

元器件	识别及检测内容			
电容 1 只	规格型号		容量	
	223		0.022 μF	
光耦合器（各引脚的名称）			1	阳极
			2	阴极
			4	发射极
			5	集电极

表 3.12.2 电路测试数据及波形

测试点	VT$_1$ 基极
波形	（正弦波形）
频率 /Hz	1.9 kHz
幅值 /V	2.5 V

4. 电路实物调试

电路实物调试图如图 3.12.4 所示。

声光停电
报警器
（演示视频）

图 3.12.4 电路实物调试图

五、工艺文件

1. 元件清单

元件清单如表 3.12.3 所示。

表 3.12.3　元件清单

序号	元件编号	元件名称	型号	参数	数量
1	R_1、R_2	电阻		100 kΩ	2
2	R_3	电阻		100 kΩ	1
3	R_4	电阻		1.2 kΩ	1
4	C_1、C_3	电容		10 μF	2
5	C_2	电容		0.022 μF	1
6	LED_1、LED_2	发光二极管	LED		2
7	VD_1	二极管	1N4007		1
8	VT_1	三极管	9013	NPN	1
9	VT_2	三极管	9012	PNP	1
10	IC	集成块	4N25		1
11	S	开关			1
12		管座		8 脚	1

2. 工具设备清单

工具设备清单如表 3.12.4 所示。

表 3.12.4　工具设备清单

序号	名称	型号/规格	数量	备注
1	万用表	UT51	1	
2	直流稳压电源	WD-5	1	+3 V
3	变压器		1	~24 V
4	示波器	GDS-1062A	1	
5	扬声器	8 Ω	1	
6	电烙铁	701	1	
7	烙铁架	电木座		
8	尖嘴钳	6 寸	1	
9	斜口钳	6 寸	1	
10	镊子	自定	1	
11	焊锡丝	SZL-X00G	少许	
12	松香		少许	
13	杜邦线		少许	

3. 产品实物图（作品展）

各元件在实际线路中分布的具体位置及各器件端子构成的图叫布线图，如元件实际样子表示的又叫实体图。产品实物图如图 3.12.5 所示。

声光停电报警器 PCB 板图

 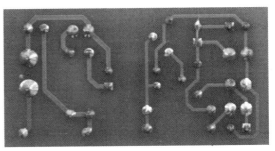

图 3.12.5　产品实物图

4. 电路装调步骤

1）装配步骤

（1）检测待装元件的数量、好坏、极性及集成块元件的引脚排列。

（2）元件成型和插件，插件顺序为先低后高、先小后大、先轻后重、先分立后集成。

（3）调整、固定元件位置，安装时将元件标记部位朝上，读数从左向右，便于识别。同时注意印制板与元件之间的距离。

（4）焊接、剪切引线、清洗等。

2）调试步骤

（1）通电前检查电源极性及有无短路情况，增强学生安全用电检测意识，保证人身安全。

（2）确定测试点的位置及输入输出信号点。

（3）通电分单元进行动态和静态调试，然后进行整机性能测试和调整。

（4）如出现故障，按原理先检测公共电路，再逐级进行排查。

六、故障点分析

为加深对电子产品电路原理的理解，特设置了以下几个故障点，通过观察每个故障设置对应的故障现象，提高电子技术工作人员分析和解决问题的综合能力，培养维修典型电子产品故障的专业技能。

（1）故障设置：C_1 损坏。

故障现象：一直声光报警，因为无电容充电，光耦合器不能正常工作。

（2）故障设置：R_1 损坏。

故障现象：报警正常工作，只是电源指示灯不亮。

（3）故障设置：R_2 损坏。

故障现象：一直声光报警，因为光耦合器不能正常工作。

（4）故障设置：R_4 损坏。

故障现象：停电不报警，因为 RC 低频振荡器不工作。

（5）故障设置：VT_2 损坏。

故障现象：停电不报警，因为 RC 低频振荡器不工作。

项目十三 集成功放

一、项目任务与要求

1. 项目任务

某企业承接了一批集成功放的组装与调试任务,请按照相应的企业生产标准完成该产品的组装与调试,实现该产品的基本功能,满足相应的技术指标,并正确填写相关文件。

2. 项目要求

本套元件是按所需元件的120%配置,请准确清点和检查全套装配材料的数量和质量,进行元器件的识别与检测,筛选确定元器件。印制电路板组件符合《印制板组件可接受性标准》(IPC-A-610D)的二级产品等级可接受条件。装配完成后,利用相关的仪表对电路进行通电测试,并记录测试数据。通过集成功放项目装调与检修引导学生树立高品质意识,从而建立自身评价指标体系。

二、电路结构

集成功放电路如图3.13.1所示。集成运算放大器采用单电源供电,R_1、R_2、R_3、C_2构成集成运算放大器静态偏置电路;R_4、R_5、C_3形成交流负反馈,与集成运放TDA2030及耦合电容C_1组成同相比例运算放大电路;C_7为输出电容,与集成电路内部形成OTL功放,驱动扬声器发声。C_4、C_5构成电源退耦电路;VD_1、VD_2构成输入输出短路保护电路;R_6、C_6用于相位补偿,防止自激振荡。

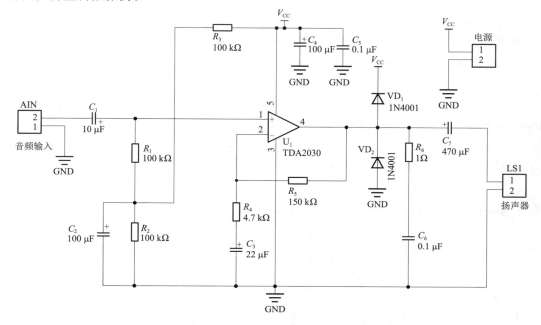

图 3.13.1 集成功放电路

三、工作原理

集成功放 - 微课视频

1. 元件介绍

TDA2030（集成运算放大器）：TDA2030A 音频功放电路，常采用 V 型 5 脚单列直插式塑料封装结构，按引脚的形状引可分为 H 型和 V 型。该集成电路在意大利 SGS 公司、美国 RCA 公司、日本日立公司、NEC 公司等均有同类产品生产，虽然其内部电路略有差异，但引出脚位置及功能均相同，可以互换。TDA2030 广泛应用于汽车音响，具有输出功率大、失真小以及内部保护电路的特点。引脚排列如图 3.13.2 所示。

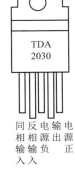

图 3.13.2 TDA2030 引脚排列

2. 工作原理

（1）同相比例放大电路。

外加输入信号通过电容 C_1 耦合，经 TDA2030 与交流负反馈 R_5、R_4、C_3 构成同相输入比例运算放大电路，根据集成运放的特点，推算输出信号与输入信号之间的关系为

$$u_o = \left(1 + \frac{R_5}{R_4}\right) \cdot u_i$$

（2）辅助电路。

由 C_4、C_5 构成电源退耦电路，对电源进一步滤波；R_6、C_6 构成高频补偿电路，防止高频自激；电容 C_7 为集成运放内部的 OTL 功放负半周放大进行供电。

四、电路测试

1. 元器件识别

（1）色环电阻的识别。

① 四环电阻：前两位为有效值，第三位为倍率，最后一位为允许误差。

② 五环电阻：前三位为有效值，第四位为倍率，最后一位为允许误差。

（2）电容的识别。

① 直标法，如 47 μF/50 V（一般短脚或黑块为负极）。

② 文字符号法：前两位表示数字，后一位表示倍率（默认单位为 pF），如 $103 = 10 \times 10^3$ pF $= 0.01$ μF。

2. 元器件测试

元器件测试如表 3.13.1 所示。

3. 电路测试

装配完成后，利用提供的仪表测试 TDA2030 集成块输入输出脚的波形，并填写表 3.13.2。

表 3.13.1 元器件测试

元器件	识别及检测内容	
电阻器	色环或数码	标称值（含允许误差）
	色环电阻：蓝、灰、黑、棕、棕	6.8 kΩ，±1%

续表

元器件	识别及检测内容			
470 µF 电解电容	所用仪表		数字表	
	万用表读数（含单位）	正测		充电
		反测		放电
TDA2030 集成块	所用仪器		数字表	
	（1）在右框中画出 TDA2030 集成块的外形图，且标出引脚顺序及名称； （2）列表测量出 TDA2030 集成块的电源脚、输出脚对接地脚的电阻值		TDA2030 同相输入 反相输入 电源负 输出 电源正	

表 3.13.2 波形测试

输入波形图	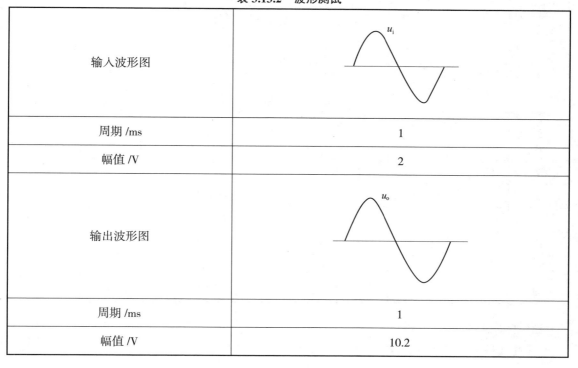
周期 /ms	1
幅值 /V	2
输出波形图	
周期 /ms	1
幅值 /V	10.2

4. 电路实物调试

电路实物调试图如图 3.13.3 所示。

集成功放
（演示视频）

图 3.13.3　电路实物调试图

五、工艺文件

1. 元件清单

元件清单如表 3.13.3 所示。

表 3.13.3　元件清单

序号	元件编号	元件名称	型号/规格	数量	备注
1	R_1、R_2、R_3	电阻	100 kΩ	3	
2	R_4	电阻	4.7 kΩ	1	
3	R_5	电阻	150 kΩ	1	
4	R_6	电阻	1 Ω	1	
5	C_2、C_4	电容	100 μF	2	
6	C_1	电容	10 μF	1	
7	C_3	电容	22 μF	1	
8	C_7	电容	470 μF	1	
9	C_5、C_6	电容	0.1 μF	2	
10	VD_1、VD_2	二极管	1N4001	2	
11	U1	集成功放	TDA2030	1	
12	J	排针	自定	3	

2. 工具设备清单

工具设备清单如表 3.13.4 所示。

表 3.13.4 工具设备清单

序号	名称	型号/规格	数量	备注
1	万用表	UT51	1	
2	直流稳压电源	WD-5	1	+12 V
3	示波器	GDS-1062A	1	
4	扬声器	8 Ω	1	
5	电烙铁	701	1	
6	烙铁架	电木座	1	
7	尖嘴钳	6寸	1	
8	斜口钳	6寸	1	
9	镊子	自定	1	
10	焊锡丝	SZL-X00G	自定	
11	松香	自定	自定	
12	信号发生器	SFG-1006	1	

3. 产品实物图（作品展）

各元件在实际线路中分布的具体位置及各器件端子构成的图叫布线图，如元件实际样子表示的又叫实体图。产品实物图如图 3.13.4 所示。

集成功放电路 PCB 板图

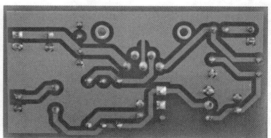

图 3.13.4 产品实物图

4. 电路装调步骤

1）装配步骤

（1）检测待装元件的数量、好坏、极性及集成块元件的引脚排列。

（2）元件成型和插件，插件顺序为先低后高、先小后大、先轻后重、先分立后集成。

（3）调整、固定元件位置，安装时将元件标记部位朝上，读数从左向右，便于识别。同时注意印制板与元件之间的距离。

（4）焊接、剪切引线、清洗等。

2）调试步骤

（1）通电前检查电源极性及有无短路情况。

（2）确定测试点的位置及输入输出信号点。

（3）通电分单元进行动态和静态调试，然后进行整机性能测试和调整。

（4）如出现故障，按原理先检测公共电路，再逐级进行排查。

六、故障点分析

为加深对电子产品电路原理的理解，特设置了以下几个故障点，通过观察每个故障设置对应的故障现象，提高电子技术工作人员分析和解决问题的综合能力，培养维修典型电子产品故障的专业技能。

（1）故障设置：R_1 损坏。

故障现象：波形失真，音质无明显变化（因集成运放无静态偏置，影响发声效果）。

（2）故障设置：R_2 损坏。

故障现象：声音变小，杂音变多，波形失真。

（3）故障设置：R_3 损坏。

故障现象：波形失真，音质无明显变化。

（4）故障设置：R_4 损坏。

故障现象：无电压放大能力，波形无失真。

（5）故障设置：R_5 损坏。

故障现象：形成开环电路，构成电压比较器，无声音。

项目十四 简易广告彩灯

一、项目任务与要求

1. 项目任务

某企业承接了一批广告彩灯的组装与调试任务，请按照相应的企业生产标准完成该产品的组装与调试，实现该产品的基本功能，满足相应的技术指标，并正确填写相关文件。

2. 项目要求

本套元件是按所需元件的120%配置，请准确清点和检查全套装配材料的数量和质量，进行元器件的识别与检测，筛选确定元器件。印制电路板组件符合《印制板组件可接受性标准》（IPC-A-610D）的二级产品等级可接受条件。装配完成后，利用相关的仪表对电路进行通电测试，并记录测试数据。

二、电路结构

简易广告彩灯电路如图3.14.1所示。由 VT_1、R_1、R_3、C_1 和 VT_2、R_2、R_4、C_2 构成正反馈形成多谐振荡器；$LED_1 \sim LED_{10}$ 这10个发光二极管组成广告灯指示电路。

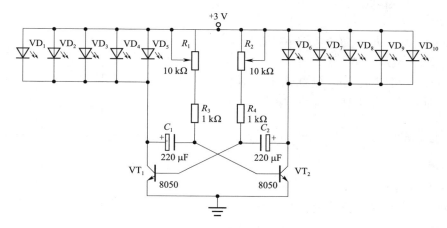

图 3.14.1 简易广告彩灯电路

三、工作原理

1. 元件介绍

SS8050 为 NPN 型小功率、开关型三极管。引脚排列如图 3.14.2 所示。1 脚为发射极，2 脚为基极，3 脚为集电极。

2. 工作原理

1）多谐振荡原理

由 VT_1、C_1、R_1、R_3 和 VT_2、R_2、R_4、C_2 形成正反馈，构成多谐振荡电路。

图 3.14.2 SS8050 引脚排列

（1）刚开始时，因三极管 VT_1、VT_2 均有基极偏置，都处于放大状态，但由于二者导通能力存在细微差异，如 VT_1 导通能力稍高于 VT_2，则由于强烈的正反馈，使 $V_{B1}\uparrow \to V_{C1}\downarrow \to V_{B2}\downarrow \to V_{C2}\uparrow \to V_{B1}\uparrow$，使 VT_1 迅速饱和，VT_2 截止，进入第一暂稳态。此时，电源 V_{CC} 经 R_1 和 R_3 通过 C_1，再经过 VT_1 导通到地，对电容 C_1 充右"+"左"–"的电压。同时，左边的 LED_1~LED_5 导通发光，右边的 LED_6~LED_{10} 熄灭。

（2）当电容 C_1 充至三极管 VT_2 发射结的导通电压 0.7 V 时，由于强烈的正反馈，使 $V_{B2}\uparrow \to V_{C2}\downarrow \to V_{B1}\downarrow \to V_{C1}\uparrow \to V_{B2}\uparrow$，使 VT_2 迅速饱和，VT_1 截止，进入另一暂稳态。此时，电源 V_{CC} 经 R_2 和 R_4 通过 C_2，再经过 VT_2 导通到地，对电容 C_2 充左"+"右"–"的电压。同时，右边的 LED_6~LED_{10} 导通发光，左边的 LED_1~LED_5 熄灭。

具体工作波形如图 3.14.3 所示。

根据 RC 过渡过程，从波形图可以看出，图中的参量存在以下关系，即

$$t_{W1} = (R_2+R_4) \cdot C_2 \cdot \ln\frac{5-(-5)}{5-0.7}$$

$$= 0.7(R_2+R_4) \cdot C_2$$

$$t_{W2} = (R_1+R_3) \cdot C_1 \cdot \ln\frac{5-(-5)}{5-0.7}$$

$$= 0.7(R_1+R_3) \cdot C_1$$

周期计算公式可总结为

$$T=0.7(R_1+R_3) \cdot C_1+0.7(R_2+R_4) \cdot C_2$$

2）彩灯显示电路

多谐振荡电路使 u_{o1}、u_{o2} 分别输出一对相反的脉冲信号，对应的两组 LED 灯轮流闪烁。

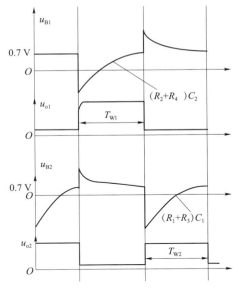

图 3.14.3　多谐振荡电路工作波形

四、电路测试

1. 元件识别

（1）色环电阻的识别。

① 四环电阻：前两位为有效值，第三位为倍率，最后一位为允许误差。

② 五环电阻：前三位为有效值，第四位为倍率，最后一位为允许误差。

（2）贴片电阻的识别。

$$abx = ab \times 10^x \ \Omega$$

例如，470 = 47 × 10⁰ Ω。

$$aRb = a.b \ \Omega$$

例如，4R7 = 4.7 Ω。

$$Rab = 0.ab \ \Omega$$

例如，R47 = 0.47 Ω。

2. 元器件测试

元器件测试如表 3.14.1 所示。

表 3.14.1　元器件测试

元器件	识别及检测内容		
电阻器两只	色环	标称值（含允许误差）	
	色环电阻：红、白、黑、棕、棕	2.9 kΩ，±1%	
	贴片电阻：470	47 Ω	
发光二极管	所用仪表	数字表	
	万用表读数（含单位）	正测	导通，LED 亮
		反测	截止，LED 灭
三极管	所用仪器	数字表	
	标出三极管的引脚（在右框中画出三极管的引脚图，且标出各引脚对应的名称）	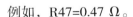	

3. 电路测试

装配完成后，通电测试，调节电位器，使电路起振，如表 3.14.2 所示。

表 3.14.2 波形测试

测试点	VT$_1$ 基极	VT$_2$ 基极
波形		
频率 /Hz	3.347	3.347
幅值 /V	3.12	3.12

4. 电路实物调试

电路实物调试图如图 3.14.4 所示。

图 3.14.4 电路实物调试图

广告彩灯电路（演示视频）

五、工艺文件

1. 元件清单

元件清单如表 3.14.3 所示。

表 3.14.3 元件清单

序号	元件编号	元件名称	型号	参数	数量
1	R_3、R_4	电阻		1 kΩ	2
2	C_1、C_2	电容		220 μF/50 V	2
3	VT$_1$、VT$_2$	三极管	8050	NPN	2
4	VD$_1$~VD$_{10}$	发光二极管		LED	10
5	R_1、R_2	电位器	103	10 kΩ	2
6	J	排针		自定	1

2. 工具设备清单

工具设备清单如表 3.14.4 所示。

表 3.14.4　工具设备清单

序号	名称	型号/规格	数量	备注
1	万用表	UT51	1	
2	直流稳压电源	WD-5	1	+3 V
3	示波器	GDS-1062A	1	
4	电烙铁	701	1	
5	烙铁架	电木座	1	
6	尖嘴钳	6寸	1	
7	斜口钳	6寸	1	
8	镊子	自定	1	
9	焊锡丝	SZL-X00G	自定	
10	松香	自定	自定	
11	杜邦线		自定	

3. 产品实物图（作品展）

各元件在实际线路中分布的具体位置及各器件端子构成的图叫布线图，如元件实际样子表示的又叫实体图。产品实物图如图 3.14.5 所示。

简易广告彩灯 PCB 板图

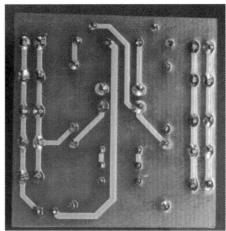

图 3.14.5　产品实物图

4. 电路装调步骤

1）装配步骤

（1）检测待装元件的数量、好坏、极性及集成块元件的引脚排列。

（2）元件成型和插件，插件顺序为先低后高、先小后大、先轻后重、先分立后集成。

(3)调整、固定元件位置,安装时将元件标记部位朝上,读数从左向右,便于识别。同时注意印制板与元件之间的距离。

(4)焊接、剪切引线、清洗等。

2)调试步骤

(1)通电前检查电源极性及有无短路情况。

(2)确定测试点的位置及输入输出信号点。

(3)通电分单元进行动态和静态调试,然后进行整机性能测试和调整。

(4)如出现故障,按原理先检测公共电路,再逐级进行排查。

六、故障点分析

为加深对电子产品电路原理的理解,特设置了以下几个故障点,通过观察每个故障设置对应的故障现象,提高电子技术工作人员分析和解决问题的综合能力,培养维修典型电子产品故障的专业技能。

(1)故障设置:$VD_1 \sim VD_{10}$ 中损坏一个。

故障现象:对应的 LED 不亮。

(2)故障设置:R_3 或 R_4 中损坏一个。

故障现象:一边的 LED 全亮,而另一边的 LED 则全灭(哪边 R 断开,哪边 LED 常亮)。

(3)故障设置:VT_1 或 VT_2 中损坏一个。

故障现象:一边的 LED 全亮,而另一边的 LED 则全灭(哪边 VT 断开,哪边 LED 常灭)。

(4)故障设置:R_1 或 R_2 损坏。

故障现象:一边的 LED 全亮,而另一边的 LED 则全灭(哪边 R 断开,哪边 LED 常亮)。

项目十五 分立功放

一、项目任务与要求

1. 项目任务

某企业承接了一批分立功放的组装与调试任务,请按照相应的企业生产标准完成该产品的组装与调试,实现该产品的基本功能,满足相应的技术指标,并正确填写相关文件。

2. 项目要求

本套元件是按所需元件的 120% 配置,请准确清点和检查全套装配材料的数量和质量,进行元器件的识别与检测,筛选确定元器件。印制电路板组件符合《印制板组件可接受性标准》(IPC-A-610D)的二级产品等级可接受条件。装配完成后,利用相关的仪表对电路进行通电测试,并记录测试数据。

二、电路结构

分立功放电路如图 3.15.1 所示,电路由两大部分组成。由集成运放 NE5532 和 R_6、C_{10}、

R_7、C_{11} 等组成前置放大电路，R_3、R_5 为静态偏置电阻，C_1、C_2 构成电源退耦电路；VT_1、R_2、R_{P1} 和 VT_2、R_8、R_{P3} 组成 OTL 功率放大电路。

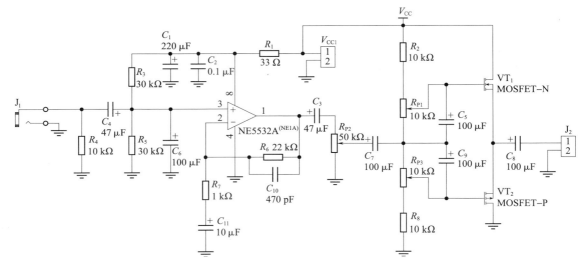

图 3.15.1　分立功放电路

分立功放 -
微课视频

三、工作原理

1. 元件介绍

（1）NE5532。

NE5532 是高性能低噪声双运算放大器（双运放）集成电路。与很多标准运放相似，但它具有更好的噪声性能、优良的输出驱动能力及相当高的小信号带宽、电源电压范围大等特点。因此很适合应用在高品质和专业音响设备、仪器、控制电路及电话通道放大器。用作音频放大时音色温暖，保真度高，在 20 世纪 90 年代初的音响界被发烧友们誉为"运放之皇"，现在仍是很多音响发烧友手中必备的运放之一。NE5532 为双集成运放高性能低噪声运算放大器，引脚排列如图 3.15.2 所示。

（2）IRF530、9530：MOS 管。

530、9530 分别为 N 沟道和 P 沟道增强型功率场效应管，其引脚排列如图 3.15.3 所示。

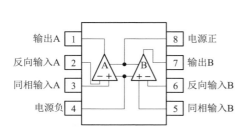

图 3.15.2　NE5532 引脚排列

图 3.15.3　引脚排列

2. 工作原理

（1）NE5532、R_6、C_{10}、R_7、C_{11} 构成同相比例运算放大电路，为功率放大器的前置放大，电压放大倍数为

$$A_u = 1 + \frac{R_6}{R_7}$$

而 R_1、C_1、C_2 构成退耦电路，防止引线过长造成低频自励；R_4、C_4、R_3、C_6 分别构成高通、低通电路。

VT_1、VT_2 分别为绝缘栅型 N 沟道和 P 沟道场效应管，与 R_2、R_{P1}、R_{P3}、R_8 构成 OTL 功放，分别放大信号的正半周和负半周，并通过静态偏置克服交越失真。

调节电位器 R_{P2}，可调节输出音量大小。

四、电路测试

1. 元器件介绍

（1）色环电阻的识别。

① 四环电阻：前两位为有效值，第三位为倍率，最后一位为允许误差。

② 五环电阻：前三位为有效值，第四位为倍率，最后一位为允许误差。

（2）电容的识别。

① 直标法，如 47 μF/50 V（一般短脚或黑块为负极）。

② 文字符号法：前两位表示数字，后一位表示倍率（默认单位为 pF），如 103 = 10 × 10^3 pF=0.1 μF。

2. 元器件测试

元器件测试如表 3.15.1 所示。

表 3.15.1　元器件测试

元器件	识别及检测内容	
电阻器 1 只	色环或数码	标称值（含允许误差）
	黄、紫、黑、红、棕	47 kΩ，±1%
电位器	绘出电位器外形并标出各引脚极性	
场效应管	所用仪器	数字表√　指针表□
	标出场效应管的引脚（在右框中画出场效应管的引脚图，且标出各引脚对应的极性）	G：栅极　D：漏极　S：源极　（N沟道）　（P沟道）

3. 电路测试

装配完成后，通电测试，先调节 R_{P1}、R_{P2}，使 $U_{G1A}=2.5\ V$、$U_{AG2}=2.5\ V$，再从输入端输入 1 kHz 的正弦信号，调节输入幅度，使输出信号无失真，如表 3.15.2 所示。

表 3.15.2　波形测试数据

测试点		集成电路 IC1 脚	集成电路 IC2 脚	集成电路 IC3 脚	输出端（VT$_1$、VT$_2$ 的漏极）
静态测试	电位 /V	6.07	6.07	6.06	$U_{T1D}=12$ $U_{T2D}=0$
动态测试	幅值 /V	6.07	6.06	6.02	$U_{T1D}=12$ $U_{T2D}=0$

4. 电路实物调试

电路实物调试图如图 3.15.4 所示。

分立功放
（演示视频）

图 3.15.4　电路实物调试图

五、工艺文件

1. 元件清单

元件清单如表 3.15.3 所示。

表 3.15.3　元件清单

序号	元件编号	元件名称	型号	参数	数量
1	R_2、R_4、R_8	电阻		10 kΩ	3
2	R_1	电阻		33 Ω	1
3	R_3、R_5	电阻		30 kΩ	2
4	R_6	电阻		22 kΩ	1
5	R_7	电阻		1 kΩ	1
6	R_{P2}	电位器	503	50 kΩ	1
7	R_{P1}、R_{P3}	电位器	103	10 kΩ	2
8	C_1	电容		220 μF	1

续表

序号	元件编号	元件名称	型号	参数	数量
9	C_2	电容		0.1 μF	1
10	C_3、C_4	电容		47 μF	2
11	C_5、C_6、C_9	电容		100 μF	3
12	C_7	电容		100 μF	1
13	C_8	电容		100 μF	1
14	C_{10}	电容		470 pF	1
15	C_{11}	电容		10 μF	1
16	VT_1	场效应管	530		1
17	VT_2	场效应管	9530		1
18	NE1	集成块	NE5532		1
19	J_1、J_2	排针			2
20		管座		8 脚	1

2. 工具设备清单

工具设备清单如表 3.15.4 所示。

表 3.15.4 工具设备清单

序号	名称	型号/规格	数量	备注
1	万用表	UT51	1	
2	直流稳压电源	WD-5	1	+12 V
3	示波器	GDS-1062A	1	
4	信号发生器	SFG-1006	1	
5	电烙铁	701	1	
6	烙铁架	电木座	1	
7	尖嘴钳	6 寸	1	
8	斜口钳	6 寸	1	
9	镊子	自定	1	
10	焊锡丝	SZL-X00G	1	
11	松香	自定	若干	
12	杜邦线	自定	若干	
13	话筒	自定	1	
14	扬声器	8 Ω	1	

3. 产品实物图（作品展）

各元件在实际线路中分布的具体位置及各器件端子构成的图叫布线图，如元件实际样子表示的又叫实体图。产品实物图如图 3.15.5 所示。

分立功放
PCB 板图

图 3.15.5　产品实物图

4. 电路装调步骤

1）装配步骤

（1）检测待装元件的数量、好坏、极性及集成块元件的引脚排列。

（2）元件成型和插件，插件顺序为先低后高、先小后大、先轻后重、先分立后集成。

（3）调整、固定元件位置，安装时将元件标记部位朝上，读数从左向右，便于识别。同时注意印制板与元件之间的距离。

（4）焊接、剪切引线、清洗等。

2）调试步骤

（1）通电前检查电源极性及有无短路情况。

（2）确定测试点的位置及输入输出信号点。

（3）通电分单元进行动态和静态调试，然后进行整机性能测试和调整。

（4）如出现故障，按原理先检测公共电路，再逐级进行排查。

六、故障点分析

为加深对电子产品电路原理的理解，特设置了以下几个故障点，通过观察每个故障设置对应的故障现象，提高电子技术工作人员分析和解决问题的综合能力，培养维修典型电子产品故障的专业技能。

（1）故障设置：R_6 损坏。

故障现象：前置放大失真，开环产生矩形波，声音变大，杂音变重。

（2）故障设置：R_3 损坏。

故障现象：前置放大无静态偏置，波形失真，声音小，杂音多。

（3）故障设置：R_2 损坏。

故障现象：功放无静态偏置，波形失真，声音小，杂音多。

（4）故障设置：R_7 损坏。

故障现象：波形无明显失真，音质无明显影响，放大倍数低。

（5）故障设置：R_1 损坏。

故障现象：无供电电源，无输出波形，扬声器不发声。

项目十六 简易信号发生器

一、项目任务与要求

1. 项目任务

某企业承接了一批简易信号发生器的组装与调试任务,请按照相应的企业生产标准完成该产品的组装与调试,实现该产品的基本功能,满足相应的技术指标,并正确填写相关文件。

2. 项目要求

本套元件是按所需元件的120%配置,请准确清点和检查全套装配材料的数量和质量,进行元器件的识别与检测,筛选确定元器件。印制电路板组件符合《印制板组件可接受性标准》(IPC-A-610D)的二级产品等级可接受条件。装配完成后,利用相关的仪表对电路进行通电测试,并记录测试数据。

二、电路结构

简易信号发生器电路如图3.16.1所示,电路由两大部分组成。LM358(U_{1A})和R_1、R_2、R_3、C_1、C_2以及R_{P1}、R_4、R_5、R_{12}、C_3、VD_1、VD_2构成RC低频振荡器,产生正弦波;LM358(U_{1B})和R_6、R_7、R_8、R_9、R_{10}、R_{11}、1N4733组成滞回电压比较器,输出矩形波。

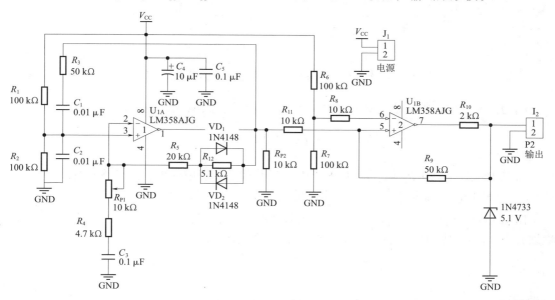

图3.16.1 简易信号发生器电路

三、工作原理

1. 元器件介绍

LM358(集成运算放大器)是双运算放大器。内部包括有两个独立的、高

简易信号发生器-微课视频

增益、内部频率补偿的运算放大器，适合于电源电压范围很宽的单电源使用，也适用于双电源工作模式，在推荐的工作条件下，电源电流与电源电压无关。它的使用范围包括传感放大器、直流增益模块和其他所有可用单电源供电的使用运算放大器的场合。LM358 是带差动输入功能的两运算放大器，该元器件的引脚排列如图 3.16.2 所示。

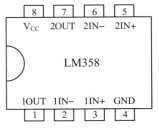

图 3.16.2 LM358 引脚排列

2. 工作原理

（1）正弦波振荡电路。

由 R_3、C_1、R_2、C_2、LM358、R_{P1}、R_4、C_3、R_5、R_{12}、VD_1、VD_2 构成 RC 文氏电桥振荡器。其中，R_3、C_1、R_2、C_2 和 LM358 形成正反馈（反馈系数 $F=\frac{1}{3}$），满足振荡产生的相位条件；同时 LM358 和外围元件组成同相比例运算放大电路，满足振荡产生的振幅条件。

此时，振荡频率为

$$f_0=\frac{1}{2\pi R_3 C_1}$$

RC 文氏电桥振荡器的幅频特性和相频特性如图 3.16.3 所示。

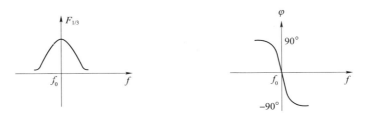

图 3.16.3 RC 文氏电桥振荡器的幅频特性和相频特性

因为振荡电路的振幅起振条件为 $AF \geq 1$，而 $F=\frac{1}{3}$，故电压放大倍数应满足

$$A_u=1+\frac{R_5+R'_{12}}{R_{P1}+R_4} \geq 3$$

所以 $R_5+R'_{12} \geq 2(R_{P1}+R_4)$。其中，$VD_1$、$VD_2$ 代替负温度电阻，改善波形失真。

（2）滞回电压比较电路。

由 LM358、R_6、R_7、R_{11}、R_{10}、R_9 构成滞回电压比较器，将正弦波变为矩形波，并通过稳压管 1N4733，输出电压限幅在 0～5.1 V，如图 3.16.4 所示。

图 3.16.4 u_{o1}、u_{o2} 输出波形

四、电路测试

1. 元器件介绍

（1）色环电阻的识别。

① 四环电阻：前两位为有效值，第三位为倍率，最后一位为允许误差。

② 五环电阻：前三位为有效值，第四位为倍率，最后一位为允许误差。

（2）电容的识别。

① 直标法，如 47 μF/50 V（一般短脚或黑块为负极）。

② 文字符号法：前两位表示数字，后一位表示倍率（默认单位为 pF），如 $\underline{103}=10\times 10^3$ pF = 0.01 μF。

2. 元器件测试

元器件测试如表 3.16.1 所示。

表 3.16.1 元器件测试

元器件	识别及检测内容	
电阻 1 只	色环或数码	标称值（含允许误差）
电阻 1 只	黄紫黑红棕（五环电阻）	47 kΩ，±1%
电容 1 只	103	0.01 μF
稳压管	万用表读数（含单位）	数字表√
稳压管	正测	导通，电阻小
稳压管	反测	截止，电阻大

3. 电路测试

装配完成后，通电测试，波形如表 3.16.2 所示。

表 3.16.2 波形测试

测试点	LM358 的 1 脚	LM358 的 7 脚
波形	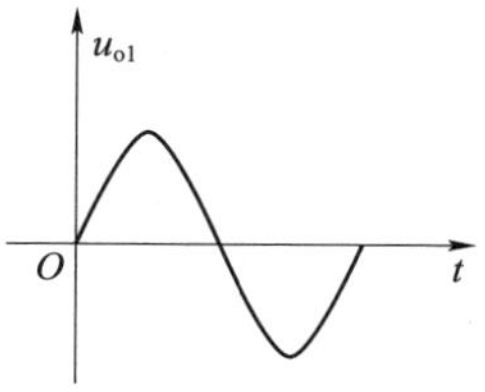 正弦波 u_{o1}	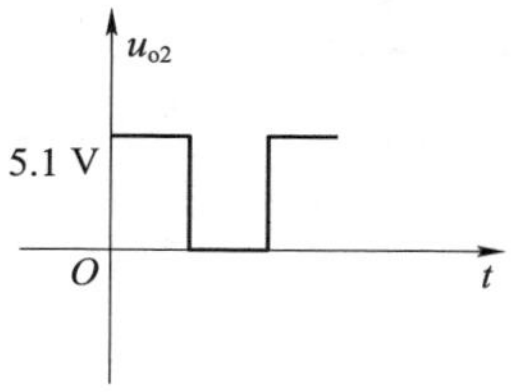 方波 u_{o2}，5.1 V
频率 /Hz	555.6	560
幅值 /V	6.4	5.12

4. 电路实物调试

电路实物调试图如图 3.16.5 所示。

简易信号
发生器
(演示视频)

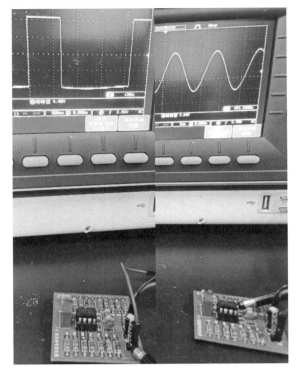

图 3.16.5　电路实物调试图

五、工艺文件

1. 元件清单

元件清单如表 3.16.3 所示。

表 3.16.3　元件清单

序号	元件编号	元件名称	型号	参数	数量
1	R_3、R_9	电阻		50 kΩ	2
2	R_1、R_2、R_6、R_7	电阻		100 kΩ	4
3	R_8、R_{11}、R_{P2}	电阻		10 kΩ	3
4	R_{10}	电阻		2 kΩ	1
5	R_5	电阻		20 kΩ	1
6	R_4	电阻		4.7 kΩ	1
7	R_{12}	电阻		5.1 kΩ	1
8	C_1、C_2	电容		0.01 μF	2
9	C_3、C_5	电容		0.1 μF	2
10	C_4	电容		10 μF	1
11	VD_1、VD_2	二极管	1N4148		2
12	IN1	稳压二极管	1N4733	5.1 V	1

续表

序号	元件编号	元件名称	型号	参数	数量
13	R_{P1}	电位器	103	10 kΩ	1
14	U_1	集成块	LM358		1
15	J_1、J_2	排针			2
16		管座		8 脚	1

2. 工具设备清单

工具设备清单如表 3.16.4 所示。

表 3.16.4　工具设备清单

序号	名称	型号 / 规格	数量	备注
1	万用表	UT51	1	
2	直流稳压电源	WD-5	1	+12 V
3	示波器	GDS-1062A	1	
4	电烙铁	701	1	
5	烙铁架	电木座	1	
6	尖嘴钳	6 寸	1	
7	斜口钳	6 寸	1	
8	镊子	自定	1	
9	焊锡丝	SZL-X00G	1	
10	松香	自定	若干	
11	杜邦线	自定	若干	

3. 产品实物图（作品展）

各元件在实际线路中分布的具体位置及各器件端子构成的图叫布线图，如元件实际样子表示的又叫实体图。产品实物图如图 3.16.6 所示。

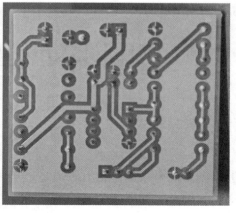

简易信号发生器 PCB 板图

图 3.16.6　产品实物图

4. 电路装调步骤

1）装配步骤

（1）检测待装元件的数量、好坏、极性及集成块元件的引脚排列。

（2）元件成型和插件，插件顺序为先低后高、先小后大、先轻后重、先分立后集成。

（3）调整、固定元件位置，安装时将元件标记部位朝上，读数从左向右，便于识别。同时注意印制板与元件之间的距离。

（4）焊接、剪切引线、清洗等。

2）调试步骤

（1）通电前检查电源极性及有无短路情况。

（2）确定测试点的位置及输入输出信号点。

（3）通电分单元进行动态和静态调试，然后进行整机性能测试和调整。

（4）如出现故障，按原理先检测公共电路，再逐级进行排查。

六、故障点分析

为加深对电子产品电路原理的理解，特设置了以下几个故障点，通过观察每个故障设置对应的故障现象，提高电子技术工作人员分析和解决问题的综合能力，培养维修典型电子产品故障的专业技能。

（1）故障设置：R_3 损坏。

故障现象：无正弦波输出，因为无正反馈，RC 不起振。

（2）故障设置：R_5 损坏。

故障现象：正弦波无输出或波形失真；因为 AF 不能大于等于1，不满足振幅条件，RC 不起振。

（3）故障设置：R_9 损坏。

故障现象：有矩形波输出，但不构成滞回电压比较器。

（4）故障设置：R_{P2} 损坏。

故障现象：输出波形不可调节幅度大小。

（5）故障设置：R_1 损坏。

故障现象：无矩形波输出。

项目十七　串联型稳压电源

一、项目任务与要求

1. 项目任务

某企业承接了一批串联型稳压电源的组装与调试任务，请按照相应的企业生产标准完成该产品的组装与调试，实现该产品的基本功能，满足相应的技术指标，并正确填写相关文件。

2. 项目要求

本套元件是按所需元件的 120% 配置，请准确清点和检查全套装配材料的数量和质量，进行元器件的识别与检测，筛选确定元器件。印制电路板组件符合《印制板组件可接受性标准》（IPC-A-610D）的二级产品等级可接受条件。装配完成后，利用相关的仪表对电路进行通电测试，并记录测试数据。

二、电路结构

串联型稳压电源电路如图 3.17.1 所示，电路由三部分组成。变压器组成降压电路；$VD_1 \sim VD_4$ 构成桥式整流电路；电容 C_1、C_2 构成滤波电路；VT_1、VT_2、VT_4、R_1、R_2、R_3、R_P、R_7 和 VD_W 组成串联稳压电路；VT_3、R_4 构成过流保护电路。

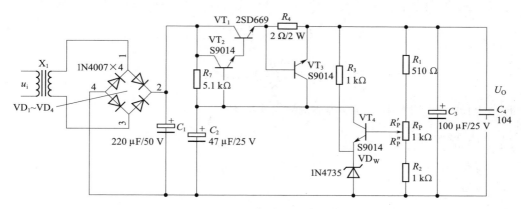

图 3.17.1 串联型稳压电源电路

三、工作原理

串联型稳压电源 – 微课视频

1. 元件介绍

（1）2SD669：调整管。

2SD669 为 NPN 型硅管，一般多用于功率推动电路。1 脚为发射极；2 脚为集电极；3 脚为基极。

（2）S9014：小功率三极管。

S9014 为 NPN 型小功率三极管，引脚排列如图 3.17.2 所示。1 脚为发射极；2 脚为基极；3 脚为集电极。

注：图中 VT_1 和 VT_2 可用复合管 TIP142T 代替，TIP142T 为 NPN 型达林顿管，引脚分布为：1 脚为基极；2 脚为集电极；3 脚为发射极。

2. 工作原理

（1）交流电经变压、整流（桥式）、滤波、串联型稳压在输出端得到较平滑的直流电，如图 3.17.3 所示。

（2）串联型稳压电源的原理：$U_O \uparrow \rightarrow U_{B4}$（取样点）$\uparrow \rightarrow U_{BE4} \uparrow$（$U_E = U_Z$）$\rightarrow i_{b4} \uparrow \rightarrow i_{c4} \uparrow \rightarrow U_{C4} \downarrow \rightarrow U_{B2} \downarrow \rightarrow U_O \downarrow$。

图 3.17.2 S9014 引脚排列

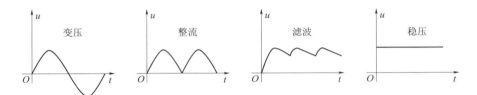

图 3.17.3 电压波形

（3）R_4、VT_3 构成过流保护电路：当 $i\uparrow \to U_{R4}\uparrow \to VT_3$ 导通 $\to U_{CE3}\downarrow$，当 $U_{CE3} < 1.4\ V$ 时，VT_1、VT_2 构成的复合调整管截止，电路不工作。C_3、C_4 构成电源退耦电路，大电容滤除低频；小电容滤除分布电感引起的高频。

输出电压的计算式为

$$U_Z + U_{BE4} = \frac{U_O R_P''}{R_P' + R_P''}$$

$$U_O = \left(1 + \frac{R_P'}{R_P''}\right)(U_Z + U_{BE4})$$

调节电位器 R_P 的大小，可以调节输出电压的大小。

四、电路测试

1. 元器件识别

（1）色环电阻的识别。

① 四环电阻：前两位为有效值，第三位为倍率，最后一位为允许误差。

② 五环电阻：前三位为有效值，第四位为倍率，最后一位为允许误差。

（2）电容的识别。

① 直标法，如 47 μF/50 V（一般短脚或黑块为负极）。

② 文字符号法：前两位表示数字，后一位表示倍率（默认单位为 pF），如 $\underline{103} = 10 \times 10^3$ pF $= 0.01$ μF。

2. 元器件测试

元器件测试如表 3.17.1 所示。

表 3.17.1 元器件测试

元器件	识别及检测内容		
电阻器	色环或数码	标称值（含允许误差）	
	色环电阻：灰、红、黑、棕、棕	8.2 kΩ，±1%	
电容	104	0.1 μF	
稳压二极管	所用仪表	数字表√ 指针表□	
	万用表读数（含单位）	正测	电阻小
		反测	电阻很大

续表

元器件	识别及检测内容	
S9014 三极管	所用仪器	数字表√　指针表□
	（1）在右框中画出三极管的外形图，且标出引脚名称； （2）列表测量出 S9014 三极管各引脚间的正反向电阻值并判别是否损坏	（三极管示意图，引脚标注 e、b、c）

3. 电路测试

装配完成后，通电测试，调节电位器，利用提供的仪表测试本稳压电源。

（1）空载状态下，测量输出电压的范围 U_{max}=16.2 V，U_{min}=6.8 V。

（2）调节电位器 R_P，使输出为 12 V。接入负载滑动变阻器，调节滑动变阻器输出电流为 100 mA，测量该电源的纹波电压为 28 mA（峰峰值）。

4. 电路实物调试

电路实物调试图如图 3.17.4 所示。

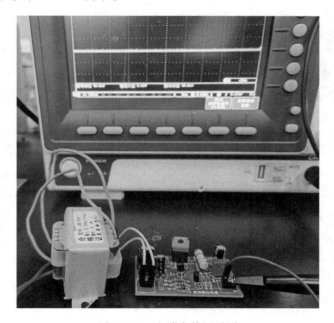

图 3.17.4　电路实物调试图

串联稳压电源（演示视频）

五、工艺文件

1. 元件清单

元件清单如表 3.17.2 所示。

表 3.17.2　元件清单

序号	元件编号	元件名称	型号/规格	数量	备注
1	R_1	电阻	510 Ω	1	
2	R_2、R_3	电阻	1 kΩ	2	
3	R_4	电阻	2 Ω/2 W	1	
4	R_7	电阻	5.1 kΩ	1	
5	R_P	电位器	1 kΩ	1	
6	C_1	电容	220 μF/50 V	1	
7	C_2	电容	47 μF/50 V	1	
8	C_3	电容	100 μF/25 V	1	
9	C_4	电容	0.1 μF	1	
10	VT_1	三极管	2SD669（VT_1、VT_2 可用复合管 TIP142T 代替）	1	
11	$VT_2 \sim VT_4$	三极管	S9014	3	
12	$VD_1 \sim VD_4$	二极管	1N4007	4	
13	VDw	稳压二极管	IN4735	1	
14	X1	变压器	交流 220 V/24 V	1	
15	J	排针	自定	2	

2. 工具设备清单

工具设备清单如表 3.17.3 所示。

表 3.17.3　工具设备清单

序号	名称	型号/规格	数量	备注
1	万用表	UT51	1	
2	示波器	GDS-1062A	1	
3	变压器	交流 24 V	1	
4	变阻器	200 Ω/1 kW	1	
5	电烙铁	701	1	
6	烙铁架	电木座	1	
7	尖嘴钳	6寸	1	
8	斜口钳	6寸	1	
9	螺丝刀	一字形		
10	镊子	自定	1	
11	焊锡丝	SZL-X00G	自定	
12	松香	自定	自定	
13	杜邦线	自定	自定	

3. 产品实物图（作品展）

各元件在实际线路中分布的具体位置及各器件端子构成的图叫布线图，如元件实际样子表示的又叫实体图。产品实物图如图 3.17.5 所示。

串联稳压电源（直流稳压电源）PCB 板图

4. 电路装调步骤

1）装配步骤

（1）检测待装元件的数量、好坏、极性及集成块元件的引脚排列。

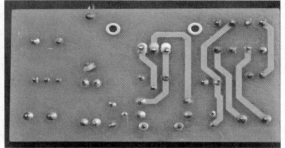

图 3.17.5　产品实物图

（2）元件成型和插件，插件顺序为先低后高、先小后大、先轻后重、先分立后集成。

（3）调整、固定元件位置，安装时将元件标记部位朝上，读数从左向右，便于识别。同时注意印制板与元件之间的距离。

（4）焊接、剪切引线、清洗等。

2）调试步骤

（1）通电前检查电源极性及有无短路情况。

（2）确定测试点的位置及输入输出信号点。

（3）通电分单元进行动态和静态调试，然后进行整机性能测试和调整。

（4）如出现故障，按原理先检测公共电路，再逐级进行排查。

六、故障点分析

为加深对电子产品电路原理的理解，特设置了以下几个故障点，通过观察每个故障设置对应的故障现象，提高电子技术工作人员分析和解决问题的综合能力，培养维修典型电子产品故障的专业技能。

（1）故障设置：VT_1 或 VT_2 损坏。

故障现象：起不到稳压作用，无输出电压，$U_0=0$ V。

（2）故障设置：R_3 损坏。

故障现象：比较放大管不能正常工作，不能稳压，但有输出。

（3）故障设置：R_1 损坏。

故障现象：不能取样，不能稳压，有输出但不可调。

（4）故障设置：R_P 损坏。

故障现象：不能取样或调节 U_0 大小。

（5）故障设置：R_2 损坏。

故障现象：不能稳压，输出不可调。

项目十八 开关电源电路

一、项目任务与要求

1. 项目任务

某企业承接了一批开关电源的组装与调试任务，请按照相应的企业生产标准完成该产品的组装与调试，实现该产品的基本功能，满足相应的技术指标，并正确填写相关文件。

2. 项目要求

本套元件是按所需元件的 120% 配置，请准确清点和检查全套装配材料的数量和质量，进行元器件的识别与检测，筛选确定元器件。印制电路板组件符合《印制板组件可接受性标准》（IPC-A-610D）的二级产品等级可接受条件。装配完成后，利用相关的仪表对电路进行通电测试，并记录测试数据。通过开关电源项目装调与检修增强节约意识，实现节约用能，优化用能，避免浪费。

二、电路结构

开关电源电路如图 3.18.1 所示，电路由四部分组成。变压器组成降压电路；$VD_1 \sim VD_4$ 构成桥式整流电路；电容 C_1、C_2 组成电源滤波电路；MC34063、VT_1、C_1、VD_5、R_1、R_2、R_3、R_P、C_3、C_4、C_5 组成稳压电路。

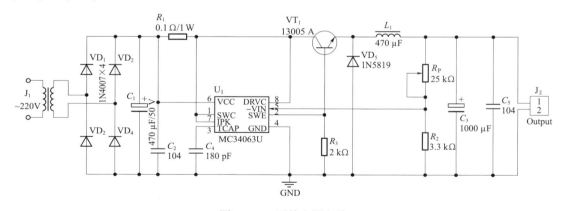

图 3.18.1 开关电源电路

开关电源电路 – 微课视频

三、工作原理

1. 元件介绍

（1）MC34063：DC-DC 转换电路。

MC34063 是 DC-DC 转换器基本功能的单片集成控制电路。该器件的内部组成包括带温度补偿的参考电压、比较器、带限流电路的占空比控制振荡器、驱动器、大电流输出开关。该器件专用于降压、升压以及电压极性反转场合,可以减少外部元件的使用数量。3 脚外接定时电容,与内部电路形成振荡器。

MC34063 引脚排列如图 3.18.2 所示。

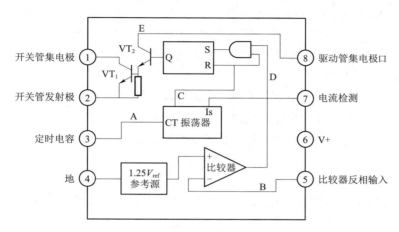

图 3.18.2　MC34063 引脚排列

1 脚为开关管 VT_1 集电极引出端;2 脚为开关管 VT_1 发射极引出端;3 脚为定时电容 C_t 接线端,调节 C_t 可使工作频率在 100 Hz ~ 100 kHz 范围内变化;4 脚为电源地;5 脚为电压比较器反相输入端,同时也是输出电压取样端,使用时应外接两个精度不低于 1% 的精密电阻;6 脚为电源端;7 脚为负载峰值电流(I_{pk})取样端;6、7 脚之间电压超过 300 mV 时,芯片将启动内部过流保护功能;8 脚为驱动管 VT_2 集电极引出端。

2. 工作原理

(1) 交流电经变压、整流(桥式)、滤波,再经 MC34063 稳压在输出端,得到较平滑的直流电,如图 3.18.3 所示。

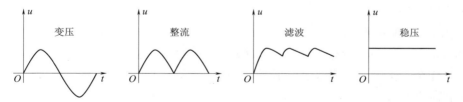

图 3.18.3　交流电压波形

(2) 稳压原理。

利用电感 L 和电容 C 的储能特性:i_L、u_C 随时间按指数规律变化,不能突变,当 $U_I \uparrow \to U_O \uparrow \to U_{取样} \uparrow \to$ 开关调整管导通时间变短 $\to U_O \downarrow$;反之,开关调整管导通时间变长,使 $U_O \uparrow$。

MC34063 及外围电路具体稳压过程如下。

① 5 脚取样电压与内部基准电压 1.25 V 同时送入内部比较器进行电压比较。当 5 脚的电压值低于内部基准电压 1.25 V 时,比较器输出为跳变电压,开启 RS 触发器的 S 脚控制

门，RS 触发器在内部振荡器的驱动下，Q 端为"1"状态（高电平），驱动管 VT_2 导通，开关管 VT_1 也导通。输入电压经电感 L_1、MC34063 的 1 脚和 2 脚接地，此时电感 L 储能（产生左正右负的感生电动势），续流二极管 VD_5 截止。当 $i_L > I_0$ 时，对 C_3 充电以提高输出电压，达到自动控制 U_0 稳定的作用。

② 当 5 脚的电压值高于内部基准电压 1.25 V 时，RS 触发器的 Q 端为"0"状态（低电平），VT_2 截止，VT_1 也截止。电感 L 释放能量（产生左负右正的感生电动势），续流二极管 VD_5、L_1、R_L 构成回路，给负载提供电流。当 $i_L < I_0$ 时，电容对负载放电使 I_0 基本保持稳定，从而达到稳定 U_0 的作用。

其中，7 脚外接的 R_1 为过流保护电阻，3 脚外接三角波振荡器所需要的定时电容 C_4，电容值的大小决定振荡器频率的高低，也决定开关管 VT_1 的通断时间。开关管导通与关断的频率称为芯片的工作频率。只要此频率相对负载的时间常数足够高，负载上便可获得连续的直流电压。

（3）输出电压的计算。

MC34063 内部比较器的反相输入端（脚 5）通过外接分压电阻 R_P、R_2 调节输出电压的大小。其仅与 R_P、R_2 数值有关，因比较器的基准电压为恒定的 1.25 V，若 R_P、R_2 阻值稳定，U_0 也稳定。

具体计算公式为

$$1.25 = \frac{U_0 R_2}{R_2 + R_P}$$

$$U_0 = \left(1 + \frac{R_P}{R_2}\right) \times 1.25$$

调节电位器 R_P 的大小，可以调节输出电压的大小。

四、电路测试

1. 元器件识别

（1）色环电阻的识别。

① 四环电阻：前两位为有效值，第三位为倍率，最后一位为允许误差。

② 五环电阻：前三位为有效值，第四位为倍率，最后一位为允许误差。

（2）电容的识别。

① 直标法，如 47 μF/50 V（一般短脚或黑块为负极）。

② 文字符号法：前两位表示数字，后一位表示倍率（默认单位为 pF），如 $\underline{103} = 10 \times 10^3$ pF = 0.01 μF。

2. 元器件测试

元器件测试如表 3.18.1 所示。

3. 电路测试

装配完成后，通电测试，调节电位器，利用提供的仪表测试本稳压电源。

（1）空载状态下，测量输出电压的范围 $U_{max} = 10.7$ V，$U_{min} = 1.25$ V。

表 3.18.1　元器件测试

元器件	识别及检测内容		
电阻器	色环或数码	标称值（含允许误差）	
	绿黑银金（四环电阻）	0.5 Ω，±5%	
电容器	数码标识	容量值	
	104	0.1 μF	
1N4007	所用仪表	数字表	
	万用表读数（含单位）	正测	导通，阻值小
		反测	截止，阻值大

（2）调节电位器 R_P，使输出为 12 V。接入负载滑动变阻器，调节滑动变阻器输出电流为 100 mA，测量该电源的纹波电压为 26 mA。

（3）调节电位器 R_P，使输出为 12 V，利用滑动变阻器测量该电源的等效内阻。

4. 电路实物调试

电路实物调试图如图 3.18.4 所示。

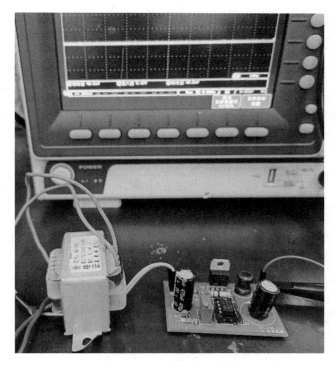

开关电源
（演示视频）

图 3.18.4　电路实物调试图

五、工艺文件

1. 元件清单

元件清单如表 3.18.2 所示。

表 3.18.2 元件清单

序号	元件编号	原件名称	型号	参数	数量
1	R_1	电阻		0.1 Ω/1 W	1
2	R_2	电阻		3.3 kΩ	1
3	R_3	电阻		2 kΩ	1
4	R_P	电位器		25 kΩ	1
5	C_1	电容		470 μF/50 V	1
6	C_2、C_5	电容	104	0.1 μF	2
7	C_3	电容		1000 μF	1
8	C_4	电容		180 pF	1
9	$VD_1 \sim VD_4$	二极管	1N4007		4
10	VD_5	二极管	1N5819		1
11	L_1	电感		470 μH	1
12	VT_1	三极管	13005A		1
13	U_1	集成块	MC34063		1
14	J_1、J_2	排针			2
15	X	变压器	交流 220 V/24 V		1
16		管座		8 脚	1

2. 工具设备清单

工具设备清单如表 3.18.3 所示。

表 3.18.3 工具设备清单

序号	名称	型号/规格	数量	备注
1	万用表	UT51	1	
2	示波器	GDS-1062A	1	
3	变压器		1	交流 24 V
4	滑动变阻器	200 Ω	1	
5	电烙铁	701	1	
6	烙铁架	电木座	1	
7	尖嘴钳	6 寸	1	
8	斜口钳	6 寸	1	
9	镊子	自定	1	
10	焊锡丝	SZL-X00G	自定	
11	松香	自定	自定	
12	杜邦线	自定	自定	

3. 产品实物图（作品展）

各元件在实际线路中分布的具体位置及各器件端子构成的图叫布线图，如元件实际样子表示的又叫实体图。产品实物图如图3.18.5所示。

开关电源
PCB板图

4. 电路装调步骤

1）装配步骤

（1）检测待装元件的数量、好坏、极性及集成块元件的引脚排列。

 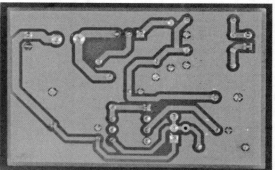

图3.18.5　产品实物图

（2）元件成型和插件，插件顺序为先低后高、先小后大、先轻后重、先分立后集成。

（3）调整、固定元件位置，安装时将元件标记部位朝上，读数从左向右，便于识别。同时注意印制板与元件之间的距离。

（4）焊接、剪切引线、清洗等。

2）调试步骤

（1）通电前检查电源极性及有无短路情况。

（2）确定测试点的位置及输入输出信号点。

（3）通电分单元进行动态和静态调试，然后进行整机性能测试和调整。

（4）如出现故障，按原理先检测公共电路，再逐级进行排查。

六、故障点分析

为加深对电子产品电路原理的理解，特设置了以下几个故障点，通过观察每个故障设置对应的故障现象，提高电子技术工作人员分析和解决问题的综合能力，培养维修典型电子产品故障的专业技能。

（1）故障设置：R_1损坏。

故障现象：不能限流保护（短路），断路时$U_0=0$ V。

（2）故障设置：R_2损坏。

故障现象：不能调节U_0的大小，$U_0=1.25$ V。

（3）故障设置：R_3损坏。

故障现象：开关管不工作，$U_0=0$ V。

（4）故障设置：VT_1损坏。

故障现象：开关管不工作，U_0=0 V。

（5）故障设置：VD_1 或 VD_2 损坏。

故障现象：不能全波整流，此时为半波整流。

项目十九　三角波发生器

一、项目任务与要求

1. 项目任务

某企业承接了一批三角波发生器的组装与调试任务，请按照相应的企业生产标准完成该产品的组装与调试，实现该产品的基本功能，满足相应的技术指标，并正确填写相关文件。

2. 项目要求

本套元件是按所需元件的 120% 配置，请准确清点和检查全套装配材料的数量和质量，进行元器件的识别与检测，筛选确定元器件。印制电路板组件符合《印制板组件可接受性标准》（IPC-A-610D）的二级产品等级可接受条件。装配完成后，利用相关的仪表对电路进行通电测试，并记录测试数据。

二、电路结构

三角波发生器电路如图 3.19.1 所示，电源电压 12 V，电路由三部分组成。555 定时器和 R_2、C_1、VT_1、R_3 构成施密特触发器去控制电容循环进行充放电；VT_2、R_1、VD_1、DW_1、R_4 和 C_2 或 C_3 组成电容充电电路；VT_3、R_{P1}、VD_2、DW_2、R_5 和 C_2 或 C_3 组成电容放电电路。

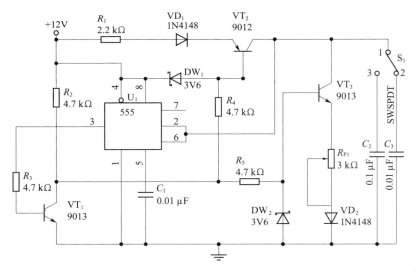

图 3.19.1　三角波发生器电路

140

三、工作原理

1. 元件介绍

（1）555 定时器。

555 定时器的引脚排列如图 3.19.2 所示，根据 TH 和 $\overline{TR}$ 两个输入端与输出端 u_O 的对应关系，555 定时器的功能可归纳为"两高出低，两低出高，中间保持；放电管 VT 的状态与输出相反"。使用时注意，TH 电平高低是与 $\frac{2}{3}V_{CC}$ 相比较，$\overline{TR}$ 电平高低是与 $\frac{1}{3}V_{CC}$ 相比较。

（2）9013 和 9012：NPN 型、PNP 型三极管。

9013 是一种 NPN 型小功率三极管，9012 是一种 PNP 型小功率三极管。主要用途：作为音频放大 1 W 推挽输出及开关等。引脚排列如图 3.19.3 所示。其中，1 脚为发射极；2 脚为基极；3 脚为集电极。

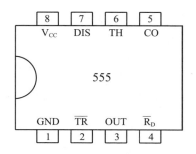

图 3.19.2　555 定时器的引脚排列

图 3.19.3　9013 和 9012 引脚排列

2. 工作原理

（1）刚开始瞬间电容 C_2 或 C_3 上的电压 u_{C2} 或 $u_{C3}=0$，即 555 定时器 $u_{2,6}=0$，根据 555 定时器的功能口诀"两低出高"，故 555 的输出 3 脚 $u_3=1$，VT_1 饱和导通，$U_{CE3}=0.3$ V，VT_3 截止，$i_{R4}=i_D+i_{B2}$ 较大，i_{B2} 大，VT_2 导通，电源通过 R_1、VD_1、三极管 VT_2 对电容 C_2 或 C_3 恒流充电。充电电流 $I_C=$（12-9.8）$/R_1=$（12-9.8）$/2.2$ kΩ$=1$ mA，电容上的电压 u_O 按线性上升。

（2）当电容 C_2 或 C_3 上的电压 u_C 上升到 $\frac{2}{3}V_{CC}$（=8 V）时，即 555 定时器 $u_{2,6}=1$，根据 555 定时器的功能口诀"两高出低"，故 555 的输出 3 脚 $u_3=0$，此时 VT_1 截止，$U_{B3}=3.6$ V，VT_3 导通，$i_{R4}=$（8.4-3.6）/（4.7+4.7），$i_{B2}=i_{R4}-i_{DW2}$ 减小，电容 C_2 通过三极管 VT_3、R_{P1}、VD_2 线性恒流放电，放电电流 $I_C=$（3.6-0.7-0.9）$/R_{P1}=1$ mA。电容上的电压 u_C 按线性下降。

当电容 C_2 或 C_3 上的电压 u_C 放电到 $\frac{1}{3}V_{CC}$（=4 V）时，555 定时器的输出 3 脚 $u_3=1$。重复原理（1）的过程，如此充放电循环往复，就在电容 C_2 或 C_3 上得到一定频率的三角波。频率计算：

因为恒流充放电，根据 $Q=CU$，$Q=It$ 关系，推出频率计算等式为

$$t_{充} = \frac{CU}{I} = \frac{0.1 \times 10^{-6} \times (8-4)}{1 \times 10^{-3}} = 0.4 \times 10^{-3}（\text{s}）$$

$$t_{放} = \frac{CU}{I} = \frac{0.1 \times 10^{-6} \times (8-4)}{1 \times 10^{-3}} = 0.4 \times 10^{-3}（\text{s}）$$

$$T = t_{充} + t_{放} = 0.8 \times 10^{3}（\text{s}）$$

$$f = \frac{1}{T} \approx 1.3（\text{kHz}）$$

注：电路调试过程中，3.6 V 的稳压二极管可以用发光二极管代替，但安装时应注意方向（与稳压管相反）。

四、电路测试

1. 元器件识别

（1）色环电阻的识别。

① 四环电阻：前两位为有效值，第三位为倍率，最后一位为允许误差。

② 五环电阻：前三位为有效值，第四位为倍率，最后一位为允许误差。

（2）电容的识别。

① 直标法，如 47 μF/50 V（一般短脚或黑块为负极）。

② 文字符号法：前两位表示数字，后一位表示倍率（默认单位为 pF），如 $103 = 10 \times 10^{3}$ pF = 0.01 μF。

2. 元件测试（表 3.9.1）

表 3.19.1　元件测试

元器件	识别及检测内容			
	色环	标称值（含允许误差）		
电阻器两只	黄、紫、黑、棕、棕（五环电阻）	4.7 kΩ，±1%		
	红、红、黑、棕（四环电阻）	22 Ω，±1%		
电容 1 只	数码标识	容量值		
	103	0.01 μF		
稳压管 3V6	所用仪表	数字表		
	万用表读数（含单位）	正测	导通，电阻小	
		反测	截止，电阻大	

三角波发生器（演示视频）

3. 电路测试

装配完成后，通电测试，调节电位器，使输出波形左右对称，利用提供的仪表测试本信号发生器，如表 3.19.2 所示。

4. 电路实物调试

电路实物调试图如图 3.19.4 所示。

表 3.19.2　波形测试

名称	开关 S_1 的 1、3 脚连接	开关 1、2 脚连接
波形	∧∧	∧∧
频率	688 Hz	4.2 kHz
幅值 /V	4.24	5

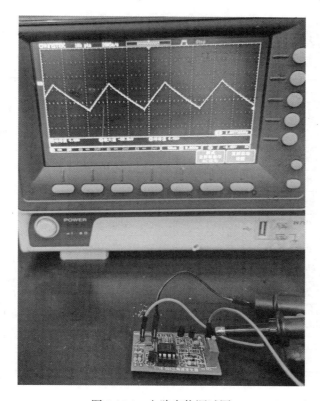

图 3.19.4　电路实物调试图

五、工艺文件

1. 元件清单

元件清单见表 3.19.3。

表 3.19.3　元件清单

序号	元件编号	元件名称	型号	参数	数量
1	R_2、R_3、R_4、R_5	电阻		4.7 kΩ	4
2	R_1	电阻		2.2 kΩ	1
3	C_1、C_3	电容		0.01 μF	2
4	C_2	电容		0.1 μF	1

5	VD_1、VD_2	二极管	1N4148		2
6	DW_1、DW_2	稳压二极管	4729	3.6 V	2
7	VT_1、VT_3	三极管	9013	NPN	2
8	VT_2	三极管	9012	PNP	1
9	R_{P1}	电位器		3 kΩ	1
10	S_1	开关			1

2. 工具设备清单

工具设备清单如表 3.19.4 所示。

表 3.19.4 工具设备清单

序号	名称	型号/规格	数量	备注
1	万用表	UT51	1	
2	示波器	GDS-1062A	1	
3	直流稳压源	WD-5	1	12 V
4	电烙铁	701	1	
5	烙铁架	电木座	1	
6	尖嘴钳	6寸	1	
7	斜口钳	6寸	1	
8	镊子	自定	1	
9	焊锡丝	SZL-X00G	自定	
10	松香	自定	自定	
11	杜邦线	自定	自定	
12	螺丝刀	一字形	1	

3. 产品实物图（作品展）

各元件在实际线路中分布的具体位置及各器件端子构成的图叫布线图，如元件实际样子表示的又叫实体图。产品实物图如图 3.19.5 所示。

三角波发生器 PCB 板图

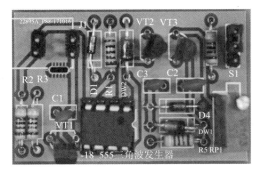
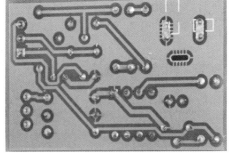

图 3.19.5 产品实物图

4. 电路装调步骤

1）装配步骤

（1）检测待装元件的数量、好坏、极性及集成块元件的引脚排列。

（2）元件成型和插件，插件顺序为先低后高、先小后大、先轻后重、先分立后集成。

（3）调整、固定元件位置，安装时将元件标记部位朝上，读数从左向右，便于识别。同时注意印制板与元件之间的距离。

（4）焊接、剪切引线、清洗等。

2）调试步骤

（1）通电前检查电源极性及有无短路情况。

（2）确定测试点的位置及输入输出信号点。

（3）通电分单元进行动态和静态调试，然后进行整机性能测试和调整。

（4）如出现故障，按原理先检测公共电路，再逐级进行排查。

六、故障点分析

为加深对电子产品电路原理的理解，特设置了以下几个故障点，通过观察每个故障设置对应的故障现象，提高电子技术工作人员分析和解决问题的综合能力，培养维修典型电子产品故障的专业技能。

（1）故障设置：DW_1、DW_2 损坏。

故障现象：无输出波形。

（2）故障设置：VD_1、VD_2 损坏。

故障现象：无充放电回路，无输出波形。

（3）故障设置：VT_2 损坏。

故障现象：无充放电回路，无输出波形。

（4）故障设置：R_2 损坏。

故障现象：VT_1 可导通，有充电回路，有输出波形，但波形失真。

（5）故障设置：R_4 损坏。

故障现象：无充电回路，无输出波形。

项目二十　声控开关电路

一、项目任务与要求

1. 项目任务

某企业承接了一批声控开关的组装与调试任务，请按照相应的企业生产标准完成该产品的组装与调试，实现该产品的基本功能，满足相应的技术指标，并正确填写相关文件。

2. 项目要求

本套元件是按所需元件的 120% 配置，请准确清点和检查全套装配材料的数量和质量，进行元器件的识别与检测，筛选确定元器件。印制电路板组件符合《印制板组件可接受性标准》(IPC-A-610D)的二级产品等级可接受条件。装配完成后，利用相关的仪表对电路进行通电测试，记录测试数据。

二、电路结构

声控开关电路如图 3.20.1 所示，电路由五部分组成。$VD_1 \sim VD_4$、R_1、C_1、VD_5 组成整流、滤波和稳压电路，将交流电变成稳定的直流电；CD4011 和 R_3、C_2、R_2、VD_6 组成延时电路；LG5527 光敏电阻 R_{10} 和 R_6 组成光敏控制电路；VT_1、VT_2、MIC、R_4、R_7、R_8、R_9、C_3、C_4 组成声音控制电路；晶闸管 MCR100-6 和 R_5 组成电灯控制电路。

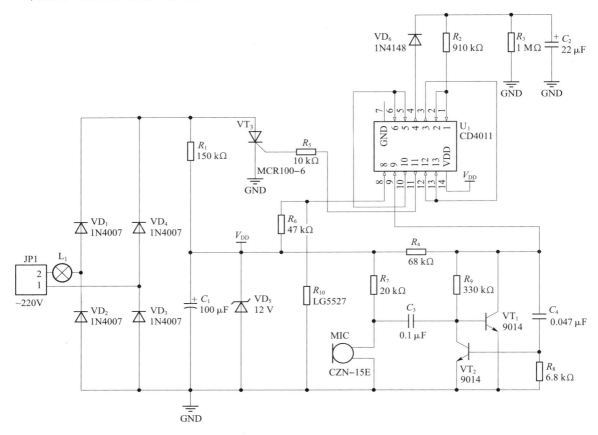

图 3.20.1 声控开关电路

三、工作原理

声控开关 - 微课视频

1. 元件介绍

（1）CD4011：与非门。

CD4011 为 4 个二输入端与非门，引脚排列如图 3.20.2 所示。

（2）LG5527：光敏电阻。

LG5527 为光敏元件，其电阻值随光线强弱变化。当光照强时，电阻 R 小；

当光照弱时，电阻 R 大。

（3）MCR100-6：晶闸管。

MCR100-6 为单向可控硅，1 脚 K 为阴极，2 脚 G 为可控极，3 脚 A 为阳极，引脚排列如图 3.20.3 所示。当 G 极为高电平时，具有单向导电性。

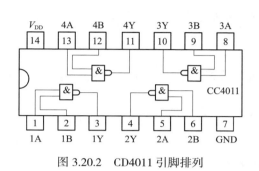

图 3.20.2　CD4011 引脚排列

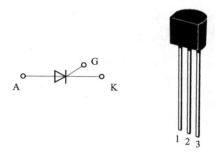

图 3.20.3　MCR100-6 引脚排列

2. 工作原理。

（1）光照较强时。

光敏电阻 R_{10} 小，与非门 CD4011 的 8 脚电压 $U_8=0$，根据与非门的功能"有 0 出 1，全 1 出 0"，无论声控输入控制端 9 脚电压为何值，CD4011 的 10 脚电压 $U_{10}=1$，则 4 脚电压 $U_4=0$，3 脚电压 $U_3=1$，11 脚电压 $U_{11}=0$，即晶闸管控制端 G 为 0，晶闸管截止，灯灭。

（2）光照弱时。

光敏电阻 R_{10} 大，与非门 CD4011 的 8 脚电压 $U_8=1$，根据与非门的功能"有 0 出 1，全 1 出 0"，输出与声控输入控制端 9 脚电压有关。

① 不发声时。三极管 VT_1 饱和导通，与非门 CD4011 的 9 脚电压 $U_9=0$，则 10 脚电压 $U_{10}=1$，4 脚电压 $U_4=0$，3 脚电压 $U_3=1$，11 脚电压 $U_{11}=0$，即晶闸管控制端 G 为 0，晶闸管截止，灯灭。

② 发声时。三极管 VT_1 的基极电位下降，因 VT_1、VT_2、C_4、R_8、R_9 构成正反馈，使 VT_1 迅速截止，与非门 CD4011 的 9 脚电压 $U_9=1$，则 10 脚电压 $U_{10}=0$，4 脚电压 $U_4=1$，通过二极管 VD_6 对 C_2 迅速充电至高电平，3 脚电压 $U_3=0$，11 脚电压 $U_{11}=1$，即晶闸管控制端 G 为 1，晶闸管导通，灯亮。声音停止时，4 脚电压 $U_4=0$，VD_6 截止，电容 C_2 通过 R_3 进行放电，当电容 C_2 上的电压放至低电平时，3 脚电压 $U_3=1$，11 脚电压 $U_{11}=0$，晶闸管截止，灯灭。R_3、C_2 组成延时电路，其放电时间的长短决定亮的时间长短。灯亮的时间可由前面学过的 RC 过渡过程的时间间隔公式进行计算。

图 3.20.1 中，三极管 VT_2、R_9、C_4、R_8 的作用是提高对声音的灵敏度。当发声时，因 MIC 分流使三极管 VT_1 的基极电位下降，VT_1 的集电极电位升高，三极管 VT_2 的基极电位 U_{B2} 就升高，则 VT_2 的集电极电位 U_{C2} 就随之下降，VT_2 对 VT_1 进行基极分流让 VT_1 的基极电位进一步下降，使三极管 VT_1 快速截止，提高对声音的敏感度。

注：如调试过程中出现声控灯亮但不灭的情况，可将电阻 R_2 的阻值由 910 kΩ 改为 1～10 kΩ。

四、电路测试

1. 元器件识别

（1）色环电阻的识别。

① 四环电阻：前两位为有效值，第三位为倍率，最后一位为允许误差。

② 五环电阻：前三位为有效值，第四位为倍率，最后一位为允许误差。

（2）电容的识别。

① 直标法，如 47 μF/50 V（一般短脚或黑块为负极）。

② 文字符号法：前两位表示数字，后一位表示倍率（默认单位为 pF），如 $\underline{103}=10\times10^3$ pF= 0.01 μF。

2. 元件测试

元件测试如表 3.20.1 所示。

表 3.20.1 元件测试

元器件	识别及检验内容	
电阻器两只	色环	标称值（含允许误差）
	蓝、灰、黑、橙、棕（五环电阻）	680 kΩ，±1%
	棕、绿、黄、金（四环电阻）	150 kΩ，±5%
电容器一只	数码标识	容量值
	473	0.047 μF
光敏电阻	所用仪表	数字表√ 指针表□
	万用表读数（含单位）	暗电阻 较大
		亮电阻 较小

3. 电路测试

装配完成后，通电测试，调节电位器，使输出波形左右对称，利用提供的仪表测试本电路关键点电压，并填写表 3.20.2。

表 3.20.2 电路测试

序号	测试点	测试点电压 /V
1	稳压二极管 5 V	12
2	晶闸管 VT_3 截止时的压降	209
3	晶闸管 VT_3 导通时的压降	12.8
4	CD4011 第 8 脚电压（黑暗）	12
5	CD4011 第 8 脚电压（光亮）	1.5

4. 电路实物调试

电路实物调试图如图 3.20.4 所示。

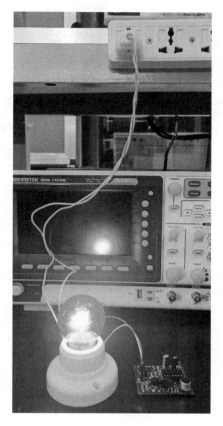

声控开关
（演示视频）

图 3.20.4　电路实物调试图

五、工艺文件

1. 元件清单

元件清单如表 3.20.3 所示。

表 3.20.3　元件清单

序号	元件编号	元件名称	型号	参数	数量
1	R_1	电阻		150 kΩ	1
2	R_5	电阻		10 kΩ	1
3	R_3	电阻		1 MΩ	1
4	R_2	电阻		10 kΩ	1
5	R_6	电阻		47 kΩ	1
6	R_7	电阻		20 kΩ	1

续表

序号	元件编号	元件名称	型号	参数	数量
7	R_4	电阻		68 kΩ	1
8	R_9	电阻		330 kΩ	1
9	R_8	电阻		6.8 kΩ	1
10	$VD_1 \sim VD_4$	二极管	1N4007		4
11	VD_6	二极管	1N4148		1
12	VD_5	稳压二极管	1N4742	12 V	1
13	C_1	电容		100 μF	1
14	C_4	电容		0.047 μF	1
15	C_3	电容		0.1 μF	1
16	C_2	电容		22 μF	1
17	VT_1、VT_2	三极管	9014		2
18	VT_3	晶闸管	MCR100-6		1
19	U_1	集成块	CD4011		1
20	MIC	话筒			1
21	R_{10}	光敏电阻	LG5527		1
22	J	排针			2
23		管座		14 引脚	1
24	L_1	大灯泡	LAMP		1

2. 工具设备清单

工具设备清单如表 3.20.4 所示。

表 3.20.4 工具设备清单

序号	名称	型号/规格	数量	备注
1	万用表	UT51	1	
2	变压器	交流 24 V	1	
3	电烙铁	701	1	
4	烙铁架	电木座	1	
5	尖嘴钳	6 寸	1	
6	斜口钳	6 寸	1	

续表

序号	名称	型号/规格	数量	备注
7	镊子	自定	1	
8	焊锡丝	SZL-X00G	自定	
9	松香	自定	自定	
10	杜邦线	自定	自定	

3. 产品实物图（作品展）

各元件在实际线路中分布的具体位置及各器件端子构成的图叫布线图，如元件实际样子表示的又叫实体图。产品实物图如图 3.20.5 所示。

声控开关
PCB 板图

4. 电路装调步骤

1）装配步骤

（1）检测待装元件的数量、好坏、极性及集成块元件的引脚排列。

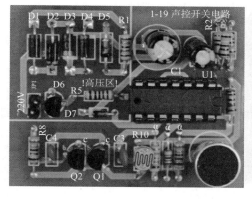
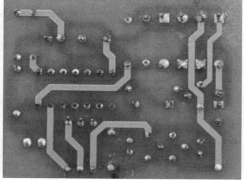

图 3.20.5　产品实物图

（2）元件成型和插件，插件顺序为先低后高、先小后大、先轻后重、先分立后集成。

（3）调整、固定元件位置，安装时将元件标记部位朝上，读数从左向右，便于识别。同时注意印制板与元件之间的距离。

（4）焊接、剪切引线、清洗等。

2）调试步骤

（1）通电前检查电源极性及有无短路情况。

（2）确定测试点的位置及输入输出信号点。

（3）通电分单元进行动态和静态调试，然后进行整机性能测试和调整。

（4）如出现故障，按原理先检测公共电路，再逐级进行排查。

六、故障点分析

为加深对电子产品电路原理的理解，特设置了以下几个故障点，通过观察每个故障设置对应的故障现象，提高电子技术工作人员分析和解决问题的综合能力，培养维修典型电子产品故障的专业技能。

（1）故障设置：$VD_1 \sim VD_4$ 中损坏一个。

故障现象：整流电路变为半波整流，灯一直亮，但微闪。

（2）故障设置：VD_6 损坏。

故障现象：灯不亮。

（3）故障设置：R_5 损坏。

故障现象：灯不亮。

（4）故障设置：R_2 损坏。

故障现象：灯不亮。

（5）故障设置：L_1 损坏。

故障现象：灯不亮。

项目二十一　电源欠压过压报警器

一、项目任务与要求

1. 项目任务

某企业承接了一批电源欠压过压报警器的组装与调试任务，请按照相应的企业生产标准完成该产品的组装与调试，实现该产品的基本功能，满足相应的技术指标，并正确填写相关文件。

2. 项目要求

本套元件是按所需元件的120%配置，请准确清点和检查全套装配材料的数量和质量，进行元器件的识别与检测，筛选确定元器件。印制电路板组件符合《印制板组件可接受性标准》（IPC-A-610D）的二级产品等级可接受条件。装配完成后，利用相关的仪表对电路进行通电测试，并记录测试数据。

二、电路结构

电源欠压过压报警器电路如图3.21.1所示，电路由四部分组成。直流稳压电源由整流、滤波、稳压电路组成，$VD_1 \sim VD_4$ 构成桥式整流电路，电容 C_1、R_1、C_2 为 RC Π形滤波电路，MC7805为集成三端稳压电路，C_4 稳压后进一步滤波；R_{P1}、与非门 U_{1A} 组成过压控制电路，R_{P2}、与非门 U_{1B} 组成欠压控制电路；与非门 U_{1C}、与非门 U_{1D}、R_3、C_3 组成振荡电路；R_2、LED、R_4、VT_1、蜂鸣器BELL组成声光报警电路。

三、工作原理

1. 元件介绍

（1）CD4011：二输入与非门。

CD4011为4个二输入端与非门，V_{DD} 电压工作范围为 $0.5 \sim 18\,V$，引脚排列如图3.21.2所示。

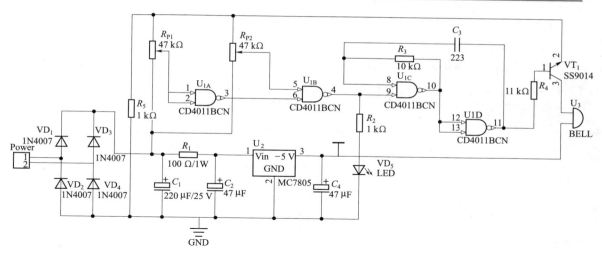

图 3.21.1　电源欠压过压报警器电路

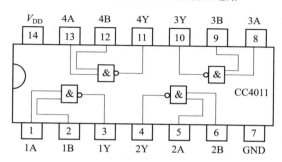

图 3.21.2　CD4011 引脚排列

（2）MC7805：三端稳压器。

MC7805 是三端稳压集成器，共 3 个引脚。1 脚为电压输入端，2 脚为接地端，3 脚为电压输出端。器件内部有过压、过流、过热保护电路，性能稳定，能够实现 1 A 以上的输出电流，有良好的温度系数，产品应用范围广泛，电压输出范围为 5 ~ 24 V。引脚排列如图 3.21.3 所示。

（3）SS9014：小功率三极管。

SS9014 为 NPN 型小功率三极管，引脚排列如图 3.21.4 所示。1 脚为发射极；2 脚为基极；3 脚为集电极。

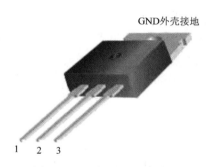

图 3.21.3　MC7805 引脚排列

图 3.21.4　SS9014 引脚排列

2. 工作原理

（1）电源电路。

12 V 交流电经 $VD_1 \sim VD_4$ 构成桥式整流电路整流成脉动直流电，电容 C_1、R_1、C_2 组成的 RC Ⅱ 形滤波电路滤波成较为平缓的直流电，再经 MC7805 三端集成稳压电路、C_4 进一步滤波后得到稳定的 5 V 直流电输出。工作波形如图 3.21.5 所示。

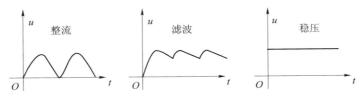

图 3.21.5　电源电路工作波形

（2）欠压时。

调节电位器 R_{P2}，使与非门 U_{1B} 输入为低电平（欠压状态），根据与非门的逻辑功能"有 0 出 1，全 1 出 0"，与非门 U_{1B} 此时输出高电平，经 R_2 限流分压后，指示灯 LED 被点亮。同时，与非门 U_{1C}、与非门 U_{1D}、R_3、C_3 组成不对称式多谐振荡电路，产生一定频率的矩形脉冲（不对称式多谐振荡器具体原理及频率计算见后面）。经 R_4、VT_1 驱动蜂鸣器 BELL 发声报警。

（3）过压时。

调节电位器 R_{P1}，使与非门 U_{1A} 输入为高电平（过压状态），根据与非门的逻辑功能"有 0 出 1，全 1 出 0"，此时与非门 U_{1A} 输出低电平，与非门 U_{1B} 输出高电平，指示灯 LED 被点亮。同时，与非门 U_{1C}、与非门 U_{1D}、R_3、C_3 组成不对称式多谐振荡电路，产生一定频率的矩形脉冲。经 R_4、VT_1 驱动蜂鸣器 BELL 发声报警。

（4）不对称式多谐振荡电路。

回顾一下由与非门构成的不对称式多谐振荡电路的电路结构及工作原理，如图 3.21.6 所示。为了使电路产生振荡，要求 G_1 和 G_2 都工作在电压传输特性的转折区，即工作在放大区，$u_{i1}=u_{i2}=U_{TH}=\dfrac{V_{DD}}{2}$。

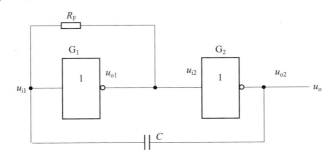

图 3.21.6　CMOS 不对称式多谐振荡器

其具体工作原理如下。

① 第一暂稳态及电路自动翻转过程。在接通电源后，G_1 和 G_2 都工作在转折区，由于电

源电压变化和干扰等影响,假如使 u_{i1} 有微小下降时,就会产生下列正反馈过程:

$$u_{i1} \downarrow \rightarrow u_{o1}(u_{i2}) \uparrow \rightarrow u_{o2} \downarrow$$

结果使 G_1 迅速截止、G_2 迅速饱和,u_{o1} 迅速跳至高电平 V_{DD}、u_{o2} 迅速跳至低电平 0 V,即 u_{o1}=1,u_{o2}=0,电路进入第一暂稳态。由于电容两端的电压不能突变,u_{i1} 也应与 u_{i2} 下跳同样的幅度,使 u_{i1} 本应降至 $U_{TH}-V_{DD}$,但由于 G_1 内部下面保护二极管的钳位作用,u_{i1} 实际仅上跳至 $-U_{D(on)} \approx 0$ V。随后,u_{o1} 的高电平经 R_F、C 和 G_2 的输出电阻(此时因导通很小)从左向右对电容 C 进行充电,此时 $u_{i1}=u_C$,使 u_{i1} 随之按指数规律上升。

② 第二暂稳态及电路自动翻转过程。当 u_{i1} 上升到 U_{TH} 时,会产生下列正反馈过程:

$$u_{i1} \uparrow \rightarrow u_{o1}(u_{i2}) \downarrow \rightarrow u_{o2} \uparrow$$

结果使 G_1 迅速饱和、G_2 迅速截止,u_{o1} 迅速跳至低电平 0 V、u_{o2} 迅速跳至高电平 V_{DD},即 u_{o1}=0,u_{o2}=1,电路进入第二暂稳态。由于电容两端的电压不能突变,u_{i1} 也应与 u_{o2} 上跳同样的幅度,使 u_{i1} 本应升至 $V_{DD}+U_{TH}$,但由于 G_1 内部上面保护二极管的钳位作用,u_{i1} 实际仅上跳至 $V_{DD}+U_{D(on)} \approx V_{DD}$。随后,$u_{o2}$ 的高电平经 C、R_F 和 G_1 的输出电阻(此时因导通很小)从右向左对电容 C 进行反向充电(即 C 放电),此时 $u_{i1}=V_{DD}-u_C$,使 u_{i1} 随之按指数规律下降。

③ 返回过程。当 u_{i1} 下降到 U_{TH} 时,G_1 迅速截止、G_2 迅速饱和,u_{o1}=1,u_{o2}=0,电路返回第一个暂稳态。

从分析不难看出,多谐振荡器两个暂稳态的转换过程是通过对电容 C 的充放电作用来实现的,电容的充放电作用又集中体现在 u_{i1} 的变化上。上述原理分析过程对应的工作波形如图 3.21.7 所示。

④ 振荡周期的计算。多谐振荡器的振荡周期与两个暂稳态时间有关,两个暂稳态时间分别由电容的充放电时间决定。设电路的第一暂稳态和第二暂稳态时间分别为 T_1、T_2,根据上述原理分析和 RC 电路过渡过程的时间间隔公式,可得

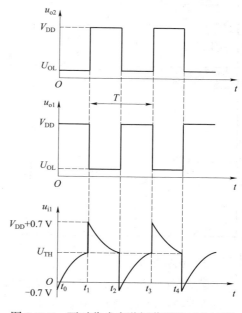

图 3.21.7 不对称式多谐振荡器的工作波形

$$T_1=t_1-t_0=R_F C \ln \frac{V_{DD}-(-0.7)}{V_{DD}-U_{TH}} \approx R_F C \ln \frac{V_{DD}-0}{V_{DD}-\frac{V_{DD}}{2}}=R_F C \ln 2 \approx 0.7 R_F C$$

$$T_2=t_2-t_1=R_F C \ln \frac{0-(V_{DD}+0.7)}{0-U_{TH}} \approx R_F C \ln \frac{0-V_{DD}}{0-\frac{V_{DD}}{2}}=R_F C \ln 2 \approx 0.7 R_F C$$

$$T=T_1+T_2=R_F C \ln 4 \approx 1.4 R_F C$$

本项目图中,多谐振荡器的振荡周期为

$$T \approx 1.4 R_3 C_3$$

注意:本项目图中,过压、欠压不是一个单纯的电压点,而是在某一动态范围。

四、电路测试

1. 元器件识别

（1）色环电阻的识别。

① 四环电阻：前两位为有效值，第三位为倍率，最后一位为允许误差。

② 五环电阻：前三位为有效值，第四位为倍率，最后一位为允许误差。

（2）电容的识别。

① 直标法，如 47 μF/50 V（一般短脚或黑块为负极）。

② 文字符号法：前两位表示数字，后一位表示倍率（默认单位为pF），如 $103=10×10^3$ pF= 0.01 μF。

2. 元器件测试

元器件测试如表 3.21.1 所示。

表 3.21.1 元器件测试

元器件	识别及检测内容		标称值（含允许误差）
电阻器一只	色环		
	黄、紫、黑、红、棕（五环电阻）		47 kΩ，±1%
电位器	473		$47×10^3$ Ω =47 kΩ
三极管	所用仪表		数字表√ 指针表□
	画出三极管的外形图，且标出引脚名称		

3. 电路测试

先调节电位器 R_{P1}、R_{P2}，使输入电压低于 9.6 V 或高于 14.4 V 时蜂鸣器报警，并测出此时与非门 U_{1D} 的输出波形，如图 3.21.8 所示。

图 3.21.8 与非门输出波形

五、工艺文件

1. 元件清单

元件清单如表 3.21.2 所示。

表 3.21.2 元件清单

序号	元件编号	元件名称	型号	参数	数量
1	VD_1 ~ VD_4	二极管	1N4007		4
2	C_1	电容		220 μF	1

续表

序号	元件编号	元件名称	型号	参数	数量
3	R_1	电阻		100 Ω/1 W	1
4	C_2、C_4	电容		47 μF	2
5	VD_5	发光二极管	LED		1
6	R_{P1}、R_{P2}	电位器	473	47 kΩ	2
7	U_2	集成块	MC7805		1
8	U_1	集成块	CD4011		1
9	R_2、R_4	电阻		1 kΩ	2
10	R_5	电阻		1 kΩ	1
11	R_3	电阻		10 kΩ	1
12	C_3	电容	223	0.022 μF	1
13	VT_1	三极管	SS9014	NPN	1
14	BELL	蜂鸣器			1
15	J	排针			2
16		管座			3

2. 工具设备清单

工具设备清单如表 3.21.3 所示。

表 3.21.3　工具设备清单

序号	名称	型号/规格	数量	备注
1	万用表	UT51	1	
2	直流稳压电源	WD-5	1	
3	示波器	GDS-1062A	1	
4	电烙铁	701		
5	烙铁架	电木座	1	
6	尖嘴钳	6寸	1	
7	斜口钳	6寸	1	
8	镊子	自定	1	
9	焊锡丝	SZL-X00G	自定	
10	松香	自定	自定	
11	杜邦线		自定	

3. 产品实物图

各元件在实际线路中分布的具体位置及各器件端子构成的图叫布线图，如元件实际样子表示的又叫实体图。

4. 电路装调步骤

1）装配步骤

（1）检测待装元件的数量、好坏、极性及集成块元件的引脚排列。

（2）元件成型和插件，插件顺序为先低后高、先小后大、先轻后重、先分立后集成。

（3）调整、固定元件位置，安装时将元件标记部位朝上，读数从左向右，便于识别。同时注意印制板与元件之间的距离。

（4）焊接、剪切引线、清洗等。

2）调试步骤

（1）通电前检查电源极性及有无短路情况。

（2）确定测试点的位置及输入输出信号点。

（3）通电分单元进行动态和静态调试，然后进行整机性能测试和调整。

（4）如出现故障，按原理先检测公共电路，再逐级进行排查。

六、故障点分析

为加深对电子产品电路原理的理解，特设置了以下几个故障点，通过观察每个故障设置对应的故障现象，提高电子技术工作人员分析和解决问题的综合能力，培养维修典型电子产品故障的专业技能。

（1）故障设置：MC7805 损坏。

故障现象：不能欠压过压报警，因蜂鸣器无供电电源。

（2）故障设置：R_3 损坏。

故障现象：欠压过压时 LED 灯亮，但蜂鸣器不报警，因多谐振荡器不起振。

（3）故障设置：C_3 损坏。

故障现象：欠压过压时 LED 灯亮，但蜂鸣器不报警，因多谐振荡器不起振。

（4）故障设置：R_2 损坏。

故障现象：欠压过压时 LED 灯不亮，但蜂鸣器正常报警，因 LED 中无电流通过。

（5）故障设置：R_4 损坏。

故障现象：指示灯亮，但不能欠压过压报警，因蜂鸣器无驱动回路。

项目二十二 电子调光灯

一、项目任务与要求

1. 项目任务

某企业承接了一批电子调光灯的组装与调试任务，请按照相应的企业生产标准完成该产品的组装与调试，实现该产品的基本功能，满足相应的技术指标，并正确填写相关文件。

2. 项目要求

本套元件是按所需元件的 120% 配置，请准确清点和检查全套装配材料的数量和质量，进行元器件的识别与检测，筛选确定元器件。印制电路板组件符合《印制板组件可接受性标准》（IPC-A-610D）的二级产品等级可接受条件。装配完成后，利用相关的仪表对电路进行通电测试，记录测试数据。

二、电路结构

电子调光灯如图 3.22.1 所示，电路由两部分组成。$VD_1 \sim VD_4$ 这 4 个二极管组成的整流桥、晶闸管 VT 和灯泡构成调光主电路；电阻 R_2、R_3、R_4、电位器 R_P、电容 C 及单结晶体管 VS 构成晶闸管控制电路，稳压二极管 VD_5 起稳压作用。

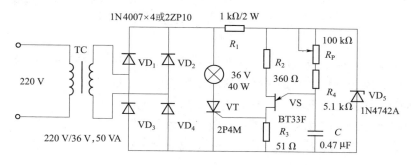

图 3.22.1　电子调光灯

三、工作原理

1. 元件介绍

1）晶闸管

晶闸管的结构及电气符号如图 3.22.2 所示，其等效电路如图 3.22.3 所示。

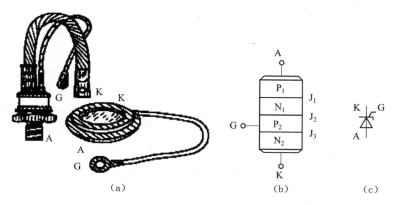

图 3.22.2　晶闸管的外形、结构和电气符号
（a）外形；（b）结构；（c）电气符号

晶闸管在工作过程中，它的阳极 A 和阴极 K 与电源和负载连接，组成晶闸管的主电路，晶闸管的门极 G 和阴极 K 与控制晶闸管的装置连接，组成晶闸管的控制电路。

晶闸管为半控型电力电子器件，它的工作条件如下。

（1）晶闸管承受反向阳极电压时，不管门极承受何种电压，晶闸管都处于反向阻断状态。

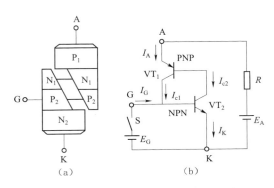

图 3.22.3 晶闸管的双晶体管模型及其工作原理

(a) 双晶体管模型；(b) 工作原理

（2）晶闸管承受正向阳极电压时，仅在门极承受正向电压的情况下晶闸管才导通。这时晶闸管处于正向导通状态，这就是晶闸管的闸流特性，即可控特性。

（3）晶闸管在导通情况下，只要有一定的正向阳极电压，不论门极电压如何，晶闸管保持导通，即晶闸管导通后门极失去作用。门极只起触发作用。

（4）晶闸管在导通情况下，当主回路电压（或电流）减小到接近于零时，晶闸管关断。

2）单结晶体管

在一个低掺杂的 N 型硅棒上利用扩散工艺形成一个高掺杂 P 区，在 P 区与 N 区接触面形成 PN 结，就构成单结晶体管（见图 3.22.4）。P 型半导体引出的电极为发射极 E；N 型半导体的两端引出两个电极，分别为基极 B_1 和基极 B_2，B_1 和 B_2 之间的 N 型区域可以等效为一个纯电阻，即基区电阻 R_{BB}。该电阻的阻值随着发射极电流的变化而改变。单结晶体管因有两个基极，故也称为双基极晶体管。

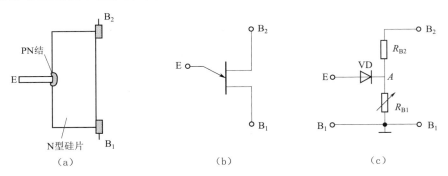

图 3.22.4 单结晶体管的内部结构、电气符号及等效电路

(a) 内部结构；(b) 电气符号；(c) 等效电路

发射极所接 P 区与 N 型硅棒形成的 PN 结等效为二极管 VD；N 型硅棒因掺杂浓度很低而呈现高电阻，二极管阴极与基极 B_2 之间的等效电阻为 R_{B2}，二极管阴极与基极 B_1 之间的等效电阻为 R_{B1}；R_{B1} 的阻值受 E-B_1 间电压的控制，所以等效为可变电阻。

当 B_1-B_2 间加电源 V_{BB}，且发射极开路时，A 点电位及基极 B_2 的电流为

$$U_A = \frac{R_{B1}}{R_{B2}+R_{B1}} V_{BB} = \eta V_{BB}, \quad I_{be} = \frac{V_{BB}}{R_{B1}+R_{B2}}$$

式中，η 为单结晶体管的分压比，其数值主要与管子的结构有关，一般在 0.5～0.9。

当 E–B_1 间电压 u_{EB1} 为零或 $U_{EB1} < U_A$ 时，二极管承受反向电压，发射极的电流 I_E 为二极管的反向电流，记作 I_{EO}。

当 U_{EB1} 增大，使 PN 结正向电压大于开启电压时，则 I_E 变为正向电流，从发射极 E 流向基极 B_1。此时，空穴浓度很高的 P 区向电子浓度很低的硅棒的 B_1 区注入非平衡少子；由于半导体材料的电阻与其载流子的浓度紧密相关，注入的载流子使 R_{B1} 减小；而且 R_{B1} 的减小，使其压降也减小，导致 PN 结正向电压增大，I_E 随之增大，注入的载流子将更多，于是 R_{B1} 进一步减小；当 I_E 增大到一定程度时，二极管的导通电压将变化不大，此时 U_{EB1} 将因 R_{B1} 的减小而减小，表现出负阻特性。特性曲线如图 3.22.5 所示。

其中，负阻特性是指输入电压增大到某一数值后，输入电流越大，输入端的等效电阻越小的特性（常见负阻器件有可控硅、隧道二极管、单结晶体管等）。

当 U_{EB1} 增大至 U_P（峰点电压）时，PN 结开始正向导通，$U_P = U_{B1} + U_{ON}$；U_{EB1} 再增大一点，管子就进入负阻区，随着 I_E 增大，R_{B1} 减小，U_{EB1} 减小，直至 $U_{EB1} = U_V$（谷点电压），$I_E = I_V$（谷点电流），I_E 再增大，管子进入饱和区。

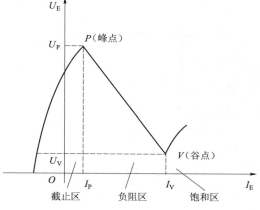

图 3.22.5　特性曲线

2. 工作原理

1）调光主电路

调光主电路由 $VD_1 \sim VD_4$ 这 4 个二极管组成的整流桥、晶闸管 VT 和灯泡构成。220 V 的市电经变压器后，变成 36 V 的交流电 u_2。

当 u_2 为正半周时，变压器二次侧上正下负，二极管 VD_1、VD_4 正偏，VD_2、VD_3 反偏截止，晶闸管 VT 承受正向压降；当 u_2 为负半周时，变压器二次侧上负下正，二极管 VD_2、VD_3 正偏，VD_1、VD_4 反偏截止，晶闸管 VT 承受正向压降。在 $\omega t = \alpha$ 时刻，使晶闸管 VT 触发导通，电路有电流流过，灯泡发光。当控制角 α 减小时，平均输出电压增大，输出电流增大，灯光强度增强；当控制角 α 增大时，平均输出电压减小，输出电流减小，灯光强度减弱。

由上可知，通过改变晶闸管控制角，进而改变灯泡两端平均电压大小，达到调光目的。

2）晶闸管控制电路

晶闸管控制电路由电阻 R_2、R_3、R_4、电位器 R_P、电容 C 及单结晶体管 VS 构成。

图 3.22.6（a）是由单结晶体管组成的张弛振荡电路，可从电阻 R_1 上取出脉冲电压 u_g。

假设在接通电源之前，图 3.22.6（a）中电容 C 上的电压 u_C 为零。接通电源 U 后，它就经 R 向电容器充电，使其端电压按指数曲线升高。电容器上的电压就加在单结晶体管的发射极 E 和第一基极 B_1 之间。当 u_C 等于单结晶体管的峰点电压 U_P 时，单结晶体管导通，电阻 R_{B1} 急剧减小（约 20 Ω），电容器向 R_1 放电。由于电阻 R_1 取得较小，放电很快，放电电流在 R_1 上形成一个脉冲电压 u_g，如图 3.22.6（b）所示。由于电阻 R 取得较大，当电容电压下降到单结晶体管的谷点电压时，电源经过电阻 R 供给的电流小于单结晶体管的谷点电流，于是单结晶体管截止。电源再次经 R 向电容 C 充电，重复上述过程。于是在电阻 R_1 上就得到一个脉冲电压 u_g。

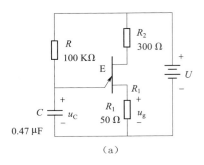 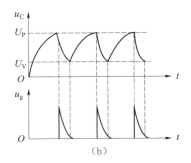

图 3.22.6　单结晶体管张弛振荡电路

（a）张弛振荡电路；（b）电压波形

四、电路测试

1. 元器件识别

（1）色环电阻的识别。

① 四环电阻：前两位为有效值，第三位为倍率，最后一位为允许误差。

② 五环电阻：前三位为有效值，第四位为倍率，最后一位为允许误差。

（2）电容的识别。

① 直标法，如 47 μF/50 V（一般短脚或黑块为负极）。

② 文字符号法：前两位表示数字，后一位表示倍率（默认单位为 pF），如 $103=10\times 10^3$ pF= 0.01 μF。

2. 元器件测试

元器件测试如表 3.22.1 所示。

表 3.22.1　元器件测试

元器件	识别及检测内容	
	色环	标称值（含允许误差）
电阻器一只	红、黑、黑、棕、棕（五环电阻）	2 kΩ，±1%
电容一只	103	0.01 μF
晶闸管	所用仪表	数字表
	（图：晶闸管 1 K, 2 G, 3 A）	将 3 个引脚分别两两测量，并且红、黑表笔互换一次，共测量 6 次，其中只有一次万用表显示阻值很小（晶闸管导通），则此时红表笔接门极 G，黑表笔接阴极 K，剩下的一脚为阳极 A

3. 电路测试

将电路板接入 220 V 和 36 V 交流电,调节 R_P 电位器,使灯泡出现亮暗变化,要求灯泡能线性由暗变化到全亮。利用示波器测出稳压管 VD_5 两端的波形,如表 3.22.2 所示。

表 3.22.2　VD_5 两端波形

稳压管 VD_5 波形图	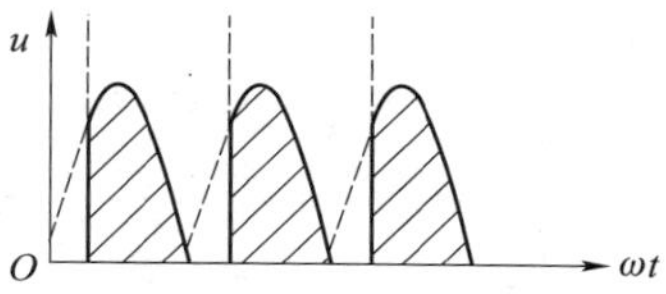

五、工艺文件

1. 元件清单

元件清单如表 3.22.3 所示。

表 3.22.3　元件清单

序号	元件编号	元件名称	型号与规格	数量
1	VD_5	稳压二极管	1N4742A	1
2	$VD_1 \sim VD_4$	二极管	1N4007	4
3	VT	晶闸管	MCR100-8	1
4		白炽灯	36 V/40 W	1
5	TC	变压器	220 V/36 V,50 VA	1
6	VS	单结晶体管	BT33F	1
7	R_1	电阻	1 kΩ/2 W	1
8	R_2	电阻	360 Ω	1
9	R_3	电阻	51 Ω	1
10	R_4	电阻	5.1 kΩ	1
11	R_P	电位器	100 kΩ	1
12	C	电容	0.47 μF	1

2. 工具设备清单

工具设备清单如表 3.22.4 所示。

表 3.22.4　工具设备清单

序号	名称	型号/规格	数量	备注
1	万用表	UT51	1	
2	交流电源	~220 V		
4	示波器	GDS-1062A	1	
5	电烙铁	701	1	
6	烙铁架	电木座	1	
7	尖嘴钳	6寸	1	
8	斜口钳	6寸	1	
9	镊子	自定	1	
10	焊锡丝	SZL-X00G	适量	
11	松香	自定	适量	
12	螺丝刀		1	
13	杜邦线			

3. 产品实物图

各元件在实际线路中分布的具体位置及各器件端子构成的图叫布线图，如元件实际样子表示的又叫实体图。

4. 电路装调步骤

1）装配步骤

（1）检测待装元件的数量、好坏、极性及集成块元件的引脚排列。

（2）元件成型和插件，插件顺序为先低后高、先小后大、先轻后重、先分立后集成。

（3）调整、固定元件位置，安装时将元件标记部位朝上，读数从左向右，便于识别。同时注意印制板与元件之间的距离。

（4）焊接、剪切引线、清洗等。

2）调试步骤

（1）通电前检查电源及有无短路情况。

（2）确定测试点的位置及输入输出信号点。

（3）通电分单元进行动态和静态调试，然后进行整机性能测试和调整。

（4）如出现故障，按原理先检测公共电路，再逐级进行排查。

六、故障点分析

为加深对电子产品电路原理的理解，特设置了以下几个故障点，通过观察每个故障设置对应的故障现象，提高电子技术工作人员分析和解决问题的综合能力，培养维修典型电子产品故障的专业技能。

（1）故障设置：单结晶体管损坏。
故障现象：灯泡不亮。
（2）故障设置：晶闸管短路。
故障现象：灯泡亮，无调节功能。
（3）故障设置：R_P损坏。
故障现象：灯泡亮，无调节功能。

参 考 文 献

［1］龙治红. 数字电子技术［M］. 北京：北京理工大学出版社，2010.
［2］杨利军. 应用电子技术［M］. 长沙：湖南大学出版社，2011.
［3］胡晏如. 高频电子线路［M］. 北京：高等教育出版社，2004.
［4］康华光. 模拟技术基础 模拟部分［M］. 第五版. 北京：高等教育出版社，2005.
［5］陈大钦. 电子技术基础实验［M］. 第二版. 北京：机械工业出版社，2000.
［6］赵便华. 电子产品工艺与管理［M］. 北京：机械工业出版社，2010.
［7］牛百齐. 电子产品工艺与质量管理［M］. 北京：机械工业出版社，2016.
［8］华满香. 电气自动化技术［M］. 长沙：湖南大学出版社，2011.